漫话
人工智能

坂本真树 **老师**
带你轻松读懂
人工智能

（日）坂本真树　著

张歌　译

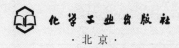

化学工业出版社

·北京·

内 容 简 介

本书将读者群设定为普通大众，旨在令不熟悉人工智能专业词汇、没有专业背景的普通读者也能够读懂本书。书中选取了具有代表性的人工智能基础研究的相关主题，也是读者想要了解的问题，如人工智能是什么时候出现的，人工智能会超越人类吗，什么易导入人工智能，什么不易导入人工智能，怎样从信息角度来学习人工智能，人工智能应用的领域有哪些等。

本书语言通俗易懂，采用大量插画进行讲解，一一为读者解答了人工智能的问题。不论是对人工智能感兴趣的非专业人士，还是准备从事人工智能相关工作的学生，都能通过本书了解人工智能的方方面面。

Original Japanese Language edition
Sakamoto Maki Sensei ga Oshieru Jinkochino ga Hobohobo Wakaru Hon
by Maki Sakamoto
Copyright © Maki Sakamoto 2017
Published by Ohmsha, Ltd.
Chinese translation rights in simplified characters by arrangement with Ohmsha, Ltd.
through Japan UNI Agency, Inc., Tokyo
本书中文简体字版由欧姆社授权化学工业出版社独家出版发行。

本书仅限在中国内地（大陆）销售，不得销往中国香港、澳门和台湾地区。未经许可，不得以任何方式复制或抄袭本书的任何部分，违者必究。

北京市版权局著作权合同登记号：01-2020-7373

图书在版编目（CIP）数据

漫话人工智能：坂本真树老师带你轻松读懂人工智能/（日）坂本真树著；张歌译. —北京：化学工业出版社，2020.11（2024.10重印）
ISBN 978-7-122-37710-4

Ⅰ.①漫…　Ⅱ.①坂…②张…　Ⅲ.①人工智能-普及读物　Ⅳ.①TP18-49

中国版本图书馆CIP数据核字（2020）第171430号

责任编辑：陈景薇　辛　田　　　　　　　　装帧设计：王晓宇
责任校对：宋　夏

出版发行：化学工业出版社（北京市东城区青年湖南街13号　邮政编码100011）
印　　刷：三河市航远印刷有限公司
装　　订：三河市宇新装订厂
880mm×1230mm　1/32　印张6　字数150千字　2024年10月北京第1版第4次印刷

购书咨询：010-64518888　　　　　　　　　售后服务：010-64518899
网　　址：http://www.cip.com.cn
凡购买本书，如有缺损质量问题，本社销售中心负责调换。

定　　价：49.80元　　　　　　　　　　　版权所有　违者必究

前　言

　　近年来，人工智能相关书籍如雨后春笋般出版问世，其销量亦势头甚猛。原本我是没有十分积极地想要去写一本人工智能科普书的。我想着，在这种时候再写人工智能的书，是不是已经有些迟了呢。就在这个时候，与我曾合作过的欧姆社提议，"既然老师您是人工智能学会的学会杂志编委，那么能否从您的角度出发，写一本人工智能相关的书呢？"我的性格是很难拒绝他人请求的（当然，在由于某些不可抗力的原因、无法完成的时候，我还是会拒绝的），我又觉得，别人对我的请求其实是机会，于是我便充满谢意地接受了这次邀约。

　　既然说要写一本"从我的角度出发的人工智能书"，我最初想到的，是立足于以下两篇论文来写一本书，即获得了 2014 年度人工智能学会论文奖的《推测象声词微妙印象区别的系统》（人工智能学会论文集 29 卷 1 号）及《生成匹配用户感性印象的系统》（人工智能学会论文集 30 卷 1 号）。但是这又专业性过强，最后我决定将写作方向由专业级转向入门科普级。

　　本书旨在令完全不了解人工智能的读者也能够轻松阅读并学习。不论你是希望将来学习人工智能专业的高中生，是对人工智能感兴趣的文科生，是无法忽视人工智能存在的企业人员，还是仍然希望活跃在社会的老年人；不论你现在是在理工类院校开始从事相关信息研究，或是对于你的孩子将要生活在人工智能社会而对他的未来充满担忧，均可阅览本书。可以说是男女老少均可阅读。

　　虽说本书写作的初衷是让读者能够轻松读懂，但是关于深度学习的内容也是一定会写到的，于是第 3 章的内容也随之变难了。这一部分的内容，不论是在哪一本入门书中都是很难的，这也令我们这些入门书的作者十分头疼。就在这种心情之下，我将书稿发给了欧姆社。多亏了这些妙趣横生的插图，让本书能够给人以简单易懂的印象。对此，我深表感谢。

在初稿完成后，我实验室里的学生川岛卓也君帮我通读了一遍全书。川岛卓也君的毕业论文是利用深度学习来完成的。他指出了本书的疑难之处，并就他本人在意的地方提出了意见。感谢川岛君，在完成了毕业论文、本应放飞自我的时期里，认真地研读我的书并积极思考，给出意见。

最后，由衷感谢欧姆社编辑部的各位老师，在短时间内推进企划；由衷感谢 sawa 公司的泽田老师，为本书画出如此精美的插画。

希望借助本书的微薄之力，能够让更多的人关注到人工智能。

坂本真树

目录

第2章 容易导入人工智能的事物 和不容易导入人工智能的事物

第 3 章 人工智能是怎样从信息中学习的?

第 4 章 人工智能的应用实例

第1章

人工智能是什么?

在第1章中，我们将为你介绍与人工智能相关的故事。说起来，人工智能到底是什么呢？还有人工智能的历史、机器人与人工智能的关系等等。另外，人工智能会给我们的未来带来什么样的影响呢？让我们一起开启思考之旅吧！

1.1 人工智能是什么时候出现的?

① 大家好!我是坂本真树。

我在高校研究人工智能,也就是所谓的AI。

② 现今,人工智能是十分热门且有趣的一门学问。

许多学生及职场人士都在努力学习人工智能。

③ 今天又有新的学生来我的实验室了……

咚咚

④ 没想到居然是机器人学生……

哎呀

什么?什么什么?难不成你是……机器人先生?

坂本真树老师您好,初次见面请多关照。我听说不论男女老少,都能跟您学习人工智能知识,所以我就想成为您的学生了。我虽然是非常非常优秀的高性能机器人,但很遗憾的是,我完全不知道自己到底是怎么来到这个世界上的。

啊啊……竟然能这么流利地说话,真的是优秀的机器人先生呢!等等,不对,虽然我很震惊,但是不论学生是谁,我都是热烈欢迎的!那么接下来,我将就人工智能(AI)的定义,以及人工智能的历史进行介绍。

人的智能？人工智能？

每当人们问我："你在研究什么？"我都会回答："人工智能。"紧接着，几乎每次我都会被问这个问题："哎呀！好厉害！不过，人工智能是什么？"

我们几乎每天都能在媒体上听到"AI""人工智能"这两个词语。可尽管人工智能已经得到如此广泛的普及，为什么人们还是觉得人工智能很难懂呢？

人工智能，顾名思义，指的是通过人工制造出的智能，但即便是这样解释，人们还是会疑惑："通过人工制造出的智能是什么？说到底，智能是什么？"

这类疑问层出不穷并不是没有道理的。即便是在人工智能研究者所聚集的人工智能学会中，有许多会员都并不明确了解自己研究的到底是什么，研究目标是什么。

这是因为，从"所谓'智能'是什么？又如何通过人工手段来实现它？"等问题出发，就一定会追溯到人和人工制品的区别是什么、人工智能是什么之类的哲学性问题。

我原本是对人的智能这一方向更加关注，也在持续研究，但我总会翻来覆去地想许多问题，诸如"如果想用人工的方式来实现人的智能，那么或许就需要更加懂得人的智能和人类本身""说起来，我们为什么会知道自己以外的人也是人呢"等等。只是，人们研究人工智能的目标并不是知道人类在做什么，而是要通过人工（从工程学角度）实现人的智能。

懂——

人的智能到底是什么呀……

图灵测试：哪个是人类？

"和我对话的是人类还是人工智能呢？"

英国著名数学家阿兰·图灵（Alan Turing，1912～1954）提出了著名的"图灵测试"。

在图灵测试中，测试者由人类担任。测试者与搭载人工智能的计算机进行五分钟的对话，然后判断对方是人类还是人工智能。

图灵测试示意图。

如果有三成以上的测试者都将人工智能错判成人类的话，那么就代表该人工智能通过图灵测试。然而，和人类进行普通对话并非易事，很长一段时间内，没有任何一款人工智能通过图灵测试。

2014年6月，俄罗斯研发的人工智能尤金·古斯特曼（Eugene Goostman）通过了图灵测试，引发了媒体的轰动。

只是，大众普遍认为，尤金之所以能够通过图灵测试，与其说是因为它以不逊于人类的语言表达完成了对话，毋宁说是由于它的设定是一位十三岁的少年。

说到底，人类想准确地判断人工智能的发展情况，也是需要技术支持的。

图灵测试的别名是"模仿游戏"，后来有一部同名电影，刻画了图灵的一生。

2015 年于北美公映的《机械姬》，讲述了一个负责网络搜索引擎的编程人员，受到 CEO 的邀请后，在一幢别墅内按照指示，进行图灵测试以测试人工智能完成度的故事。虽说《机械姬》是一部心理电影，但它也能够促使人类思考，人工智能能否拥有意志和感情、人工智能和身体性能的问题等。

除了《机械姬》，还有《终结者》《她》《超越那一天》等与人工智能相关的电影，其内容大多都是人类受到人工智能的威胁，对于人类来说存在人工智能的世界是不幸的。或许是由于这个原因，许多人都感觉人工智能是恐怖的。

然而现如今，并没有研发出一台真正意义上通过图灵测试的人工智能。

人工智能题材的电影也有很多呢。

终结者

机械姬

她

超越那一天

哦哦……

寂寞的人工智能？！

如今的人工智能无法准确理解语言的意义，也就是说，它无法理解对方说的话究竟是什么意思。虽说学界曾经研发了人工智能机器人——"Torobo-kun"，并以通过东京大学入学考试为其目标。但由于日语科目需要理解文章意义，得分十分困难，所以"Torobo-kun"的研发团队最终放弃了这一目标。

此外，让人工智能拥有人类的感情、拥有可以产生共鸣的"心"是十分困难的。除此之外，让人工智能拥有意志也是极其困难的。由于人工智能是机械（人工智能与机器人的区别在第17页中说明），所以它们不会拥有愿望和欲望，没有可以作为判断事物基准的价值观，也没有自己的性格与个性，它们更不能自己为自己设立目标。

然而，我们可以制造出一种人工智能，让人类误以为它们已经拥有了上述情感。人类在对眼前的事物、对象进行辨别时，会判断它们是机械，还是拥有自主意志的主体。由于人类是社会性动物，因此，与他人产生关联是人类的本能。如果感到对方和自己类似的话，便会很容易认为它们和人类拥有同样的感情、心灵和意志。

在著名的人形机器人研发专家大阪大学教授石黑浩的实验室中进行了一项实验，专家对处在沉默状态的人形机器人*做出招手等打招呼的动作，让机器人做出注视对方等基本动作。这样一来，人类很容易就会认为人形机器人是十分寂寞的，也让人类认为人工智能是有感情的。

在电影《机械姬》中，也有主人公一厢情愿地认为人工智能对自己有好感的情节。

人和人工智能的区别

人类和人工智能的一大区别，就是是否拥有身体。

人工智能无法通过五感获取信息。

人类通过身体和外界产生联系。耳之所听、目之所见，还有触到的东西、闻到的味道，都通过五感来感知，来获得好心情或坏心情等感情。

但是，由于人工智能没有像人类一样的身体，所以他们无法体验通过肉体获得的感觉，也无法获得通过感觉获取的信息。

人们必须以某种形式，将通过身体从外界获得的信息"导入"人工智能中。具体的"导入"方法，我将在第 2 章和第 3 章中讲解。

人和人工智能的一大区别就是"是否拥有身体"。除此之外,"思考"也是二者的区别之处。

人们常常认为"思考"和"计算"相差无几,因此"思考"也是人工智能所擅长的。但是,人工智能是很难像人类一样进行思考的。

人工智能以被导入的类似事例为基准,来识别状况并进行逻辑判断。因此,如果类似事例很少,人工智能将无法应对。相反,当人类遇到前所未有的状况时,则会灵活运用从类似事例中学到的东西,以做出合适的应对。

另外,人类是拥有问题意识的,并能够致力于解决问题,而人工智能是无法自行寻找问题的。但是,人工智能能够瞬间解决一些对人类来说很困难的问题。

我们将在第 4 章中介绍现今的人工智能是如何利用现有知识进行发展的,以及它们完成了怎样的使命。其实,要想在未来社会中幸福地生活,预先知晓人工智能的长处和短处是十分重要的。

伴随着计算机发展

在第4页中，我们讲到了英国数学家阿兰·图灵，人称计算机之父。可以说，人工智能的研究，就是伴随着计算机开始，伴随着计算机发展的。

近几年来人工智能研究的飞速发展，得益于计算机硬件系统的快速发展。

在硬件系统中，摩尔定律认为，每一美元所能买到的电脑性能，将每隔18～24个月翻一倍以上。如此算来，电脑性能将在20年后翻上千倍。这是十分令人震撼的，毕竟人活上20年是不可能进步上千倍的。

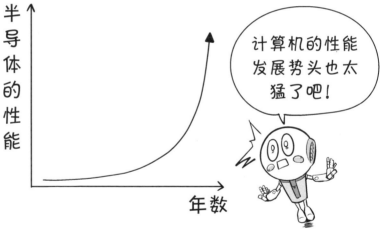

 摩尔定律形象图，可谓日新月异！

 虽说人工智能是伴随着计算机发展而来的，但其发展道路并非一路平坦，既有热潮，也有寒冬。接下来就将为你介绍跌宕起伏的人工智能发展史。

AI 的历史：达特茅斯会议

人工智能是伴随着计算机发展的，但是"人工智能"这个词是什么时候出现的呢？

HAPPY BIRTHDAY!

人工智能（AI）

人工智能（Artificial Intelligence）一词初次登上历史舞台是在 1966 年的夏天，于美国东部达特茅斯召开的会议上。这场会议对于人工智能研究者而言，可以说是一次传奇的相聚。

在达特茅斯会议上，大家一致决定，将像人类一样进行思考的计算机命名为"人工智能"。于是，"人工智能"一词首次面世。

人工智能的研究其实在此之前就已经开始了。1946 年，电子数字积分计算机埃尼阿克（ENIAC）首次面世，这台使用了约 17000 根电子管的巨型计算机，被称为世界第一台计算机。至此，人类开始思考，会不会有一天计算机将超越人类？达特茅斯会议可以说是一次将这些研究历史归纳起来的会议。

约翰·麦肯锡（John MaCaryhy，1927 ~ 2011）、马文·明斯基 (Marvin Minsky，1927 ~ 2016)、艾伦·纽厄尔（Allen Newelli，1927 ~ 1992）、赫伯特·西蒙 (Herbert Simon，1916 ~ 2001) 等著名研究人员都出席了达特茅斯会议，并发表了计算机领域当时的最新研究成果。2016 年去世的明斯基，于 1951 年制造出了神经网络学习机器这一硬件，可以说这是世界上第一个自主学习的人工智能。

据说，达特茅斯会议开了一个多月，从七月一直开到了八月。著名的研究者们聚集在一起，共度了一个夏天。当时的讨论一定非常热烈吧。

AI 的历史：第一次人工智能热潮

在达特茅斯会议结束后的 20 世纪 50 年代后半期到 20 世纪 60 年代，相关研究得到显著发展，即通过计算机的推论和搜索来解决特定问题。

例如，如果迷路了，想要寻找目的地的时候，人类会停下来弄明白路之后，才会选择出一条最优路径到达终点。

与此相对的是，计算机并非向着终点前进，而是进行路径分析。例如，从出发地开始到目的地，走 A 路径会如何，走 B 路径又会如何，如果走 A 路径的话，之后的路会是怎样的等等。

计算机就是使用上述方法，通过不间断的路径分析来寻找到最后的终点。

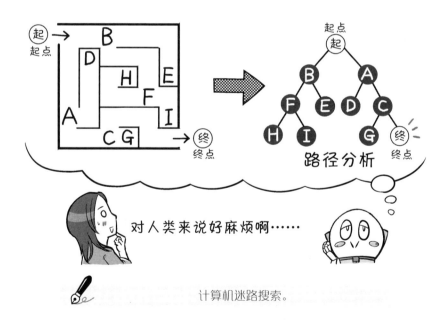

计算机迷路搜索。

近年来，在国际象棋、日本象棋等人机对局中，计算机取得了良好成绩，并受到了媒体的广泛关注。在这种比赛中，计算机也用到了搜索功能。

与迷路不同，国际象棋、日本象棋、围棋等比赛中，须对对手会如何走下一步的诸多可能性进行分析判断，因此可以想象组合起来的数字之多。例如，日本象棋走下一步的可能性是 10×220，围棋则是 10×360。

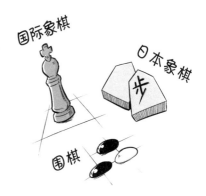

这是一种乍一看略微迟钝的处理方法，但随着计算机处理能力的高速发展，计算机在上述比赛中仍然取得了优异的成绩。另外，本书第 3 章也将介绍，随着机器学习的发展进化，计算机显示出了其压倒性的优势。

20 世纪 60 年代繁荣的第一次 AI 热潮，是通过解决诸如上述比赛中的问题来实现的。但是第一次热潮也暴露了一些问题，即真正亟待解决的社会问题是无法依赖当时的人工智能来获得解决办法的，如疾病治疗方法等。加之在当时，美国政府以前景不乐观为由，停发了备受业界期待的机器翻译研发资助。以此为契机，第一次 AI 热潮终结，迎来了 20 世纪 70 年代 AI 的寒冬时期。

啊——虽然在比赛中得到了好成绩，但是人们却觉得我们在现实生活中没有什么用呀。寒冬时期什么的也太让人伤心了吧。第一次 AI 热潮结束了，那之后怎么样了呢？

 哈哈哈，不要担心啦，那之后又来了一次热潮呢。在第二次 AI 热潮中，人们开始考虑研发有现实意义的系统。AI 到底会对现实世界有什么作用呢？

AI 的历史：第二次人工智能热潮

第一次人工智能热潮中，虽然我们称其为"人工智能"，但这个"人工智能"其实是依赖于计算机的能力。然而话又说回来，计算机可以积累储存无穷无尽的知识，而这对于人类来说是不可能做到的。通过灵活运用计算机的这一能力，在进入 20 世纪 80 年代后，我们又迎来了第二次人工智能热潮。这一次的热潮主要围绕给计算机灌输"知识"使其更加智能而展开的。

所谓"专家系统"，就是通过吸取各个特定领域的专业知识，来成为该领域专家的人工智能。其中，在 20 世纪 70 年代初，斯坦福大学研发出的 MYCIN 系统十分著名。

第一次人工智能热潮在无法治疗疾病等原因中结束。第二次人工智能热潮中，MYCIN 系统是一种帮助医生对住院的血液感染患者进行诊断和选用抗生素类药物进行治疗的人工智能。在给 MYCIN 系统导入细菌感染者的相关信息后，它可以根据患者的症状等，来推定该患者究竟是由于何种原因导致的何种细菌感染。MYCIN 系统推算出准确信息的概率为 69%。

只不过，为了将相关知识导入计算机中，专家需要亲自对知识进行确认，因此耗费了不少时间。

虽说这项技术可以应用于各种领域，但如果是"胃里恶心"这种说不清的症状的话，想把它录入计算机中本身就是很困难的。

> 顺便一提，本人是很擅长将"恶心"这种说不清的症状表达数字化的，但是这在技术不够成熟的当时还是无法做到的。

在当时，研究知识的表达方式也十分盛行，即：采取怎样的知识表达方式才能让计算机更容易处理呢？本书在后半段中也将对此进行解说。

那时，还有一个重要项目十分盛行，即将人类所拥有的全部知识都录入计算机中。其中十分著名的便是 CYC 项目。CYC 项目始于1984 年，由美国当时的微电子与计算机技术公司开发，距今已 30 多年，仍未停止。由此可见，人类世界的知识是多么的无穷无尽。

另外，还有许多问题亟待解决，例如，如何处理知识的含义等（将在第 3 章和第 4 章中进行讲解）。自此，单纯手动录入知识的第二次人工智能热潮结束，1995 年左右，人工智能再次进入寒冬时期。

> 哎呀哎呀……要录入无穷无尽的知识真的太难了，第二次人工智能热潮也结束了呢。那之后又怎么样了？

> 哈哈哈，放心吧。其实我们现在的时代，正在再次进入人工智能热潮呢。录入庞大的知识已经变得简单了，这是因为计算机也可以自主学习了。现在这个时代太伟大了，我们可以感受到计算机前所未有的可能性呢！

现在，第三次人工智能热潮！

第二次人工智能热潮结束，寒冬时期再次来临。然而，20 世纪 90 年代中期，搜索引擎诞生，因特网普及至千家万户。进入 21 世纪后，随着广域网的发展，获取大量信息由不可能转为可能。自此，将大量知识录入计算机中也变得简单容易起来。

除此以外，随着计算机开始能够自主学习，掀起了第三次人工智能热潮。人工智能从诞生到今天的历史如下图所示。

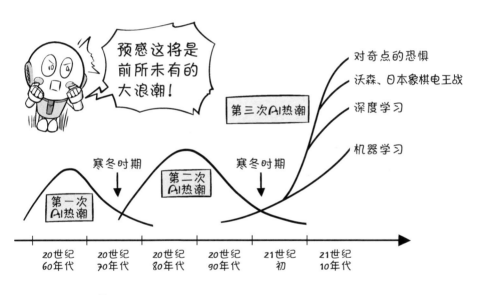

人工智能的历史。
（关于奇点等词汇，我们将在后文中详细讲解）

出处：松尾豊，人工知能は人間を超えるか―ディープラーニングの先にあるもの，
P.61，KADOKAWA/ 中経出版（2015）

人们常担心第三次人工智能热潮是否也将很快结束。但是不论人工智能会不会演变成为毁灭人类的科幻世界，不可否认的是，人工智能已经成为社会中不可缺少的一部分。

这是人工智能?

① 说起来您这个实验室……说好的研究人工智能呢?怎么除了我之外找不出来一个机器人呢?

② 啊啊,这个是很常见的误会呢。"人工智能研究"不等于"机器人"研究喔!

③ 原来如此……我还以为能和我的机器人朋友们聊聊天呢。好遗憾啊……好像很寂寞的样子?

④ 你看!这是装载了人工智能的空调!看,是你的同类哦。要我和空调说话……

因为机器人你看起来好像很寂寞,所以我就把空调介绍给了你。不过,尽管同是"人工智能",你和空调能做的事情却完全不一样,对吧?其实呀,关于人工智能"可以做什么",是分了好多等级的。

吼吼——这可真的是太有趣了吧。我还以为"人工智能研究"就等于"机器人研究"呢,果然这两者是不一样的。怪不得我在你这儿找不到其他的机器人……

一说到机器人,很多人都会想到动漫里的猫型机器人。不过机器人的种类特别多,除了猫型机器人之外,还有很多生产线上所用的制造类机器人等等。关于"机器人"这一词的定义,接下来我会进行详细讲解的。

人工智能与机器人的区别

在上一节中，我们说到了人工智能的发展历史。

虽说是很久远的人工智能故事了，但是人工智能到底是什么，这个问题直到现在还是经常被误解。我与各界人士都曾聊到过这个问题，其中还包括媒体人。通常来看，最常出现的误解，就是人工智能研究等于机器人研究。

从很久以前开始，就出现了许多动漫，这些动漫角色，堪称是人工智能的理想型。其中出现的人工智能可以和人一样进行对话、思考，可以任意行动，并且拥有和人一样的身体。

请看下图，这是三宅阳一郎老师于 2010 年，将《基于动漫的人工智能系谱》简化而来的图谱。三宅阳一郎老师与我曾共同负责过人工智能学会 2017 年 1 月刊的学会刊封面。

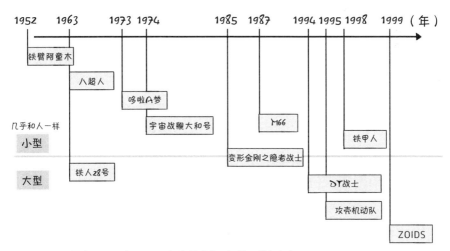

出处：日本のアニメーションにおける人工知能の描かれ方
「コンテンツ文化史学会　2011 年大会予稿」P.26-38

 嗯……比如说高达里的哈罗也是个小型球状人工智能对吧！我也喜欢动漫。

阿童木（《铁臂阿童木》，1952 年）、铁人 28 号（《铁人 28 号》，1963 年）、哆啦 A 梦（《哆啦 A 梦》，1973 年）、分析士（《宇宙战舰大和号》，1974 年）、哈罗（《高达》，1979 年）、塔奇克马（《攻壳机动队》，1995 年）等人工智能出场角色中，既有人型的，也有猫型的，总之，所有角色都是拥有身体的。

人是无法将智能与身体分离开来的，所以多数人就理所当然地认为人工智能也是如此。

然而，人工智能研究并不等于机器人研究。人工智能研究和机器人研究的关系如下图所示。

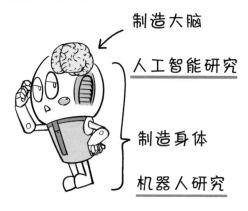

制造大脑 ← 人工智能研究

制造身体 / 机器人研究

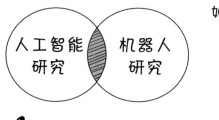

如果画成图的话就是这样的！

"人工智能研究"和"机器人研究"是不同的，但是也有相重合的部分。

机器人研究？人工智能研究？

参考日本经济产业省给出的定义，如果要用一句话来概括机器人研究的话，那就是"同时拥有感知、控制、驱动三大技术要素的机械"。

 所谓"感知"，即能够灵敏捕捉到声音、光、温度等物理状态变化的传感器；"控制"，则是操纵机械或装置；"驱动"，即启动的能量。

下面是在社会上发挥实用效果的"产业机器人"。

在制造业领域中，有焊接机器人、组装机器人；医疗领域中有辅助手术机器人、医院内搬运机器人；在护理领域中，有移动辅助机器人（负责将患者从床上挪到轮椅上，反之亦可）、移动机器人；建设、基础设施、灾害防治领域中有检修机器人、灾害应对机器人；农业领域中，有自动种植机器人、自动除草机器人；食品领域中，有装箱机器人、凤爪去骨机器人等。它们都发挥着很大的作用。

在上述的机器人研究中，主要以感知、驱动为主。但实际上，控制部分的研究其实是更接近人工智能的。控制分为两种情况，即在机器人内部装入控制系统或在外部通过无线进行控制。其中，在机器人内部装入控制系统，就是机器人的智能研究。

多数机器人大赛中，都是由人通过无线来操作机器人的，令它们跨越事先设置好的障碍，快速完成任务。但这种比赛所比的并不是智能（不过也有专门的机器人智能大赛）。

即便是机器人动动手腕这种动作，也不是机器人自己控制的，而是由人在外部进行控制的。所以这和智能完全就是两码事。我呢，当然是自己在动啦，才没有被外部控制呢！

人形机器人（Android）的研究也是一样，主要着重于如何让其外形与人类相近，却并非是人工智能研究。然而，如果让机器人拥有对话能力或在机器人内部装入智能系统的话，这就是人工智能了。

不过，人工智能的研究对象也不是机器人的大脑。

近年来，以领先于人类的人工智能国际象棋、日本象棋、围棋等为例，在抽象比赛的情况下，人工智能不再需要物理性的身体，只要有计算机程序操控，就完全可以顺利进行。还有一种人工智能，可以在网上搜索医生诊断结果、专家建议等，并反馈回来。

最终结果就是，现在的人工智能多是计算机程序，并没有物理性的外形。虽然可以将程序装载到机器人的躯壳上，但是从根本上来说，人工智能已经不再需要机器人那样的身体了。

不管是以通过东京大学考试为目标的 Torobo-kun，还是玩转国际象棋、日本象棋、围棋的各种人工智能，结果都是编程呀。光是用智能来战斗就可以了，根本不需要什么手嘛。

一定会有人想，如果是这样的话，那么这和之前的计算机又有什么区别呢？正如我在第 9 页中所提到的那样，人工智能的研究是随着计算机一同发展起来的。

 ## 人工智能需要身体吗？

上文提到，人工智能基本不需要身体。但是人工智能到底需不需要身体呢？其实对于这个问题，专家们的意见也是各不相同。

　　虽说现在的人工智能还不需要身体，但是如果你的目标并非只是单纯计算的机械，而是超越了这个层级的话，那么请你一定要思考一下智能与身体的关系。

　　智能机器人的研发人员多以身体为考虑前提，并表示："如果想要制作出分不出究竟是人还是人工制品的人工智能的话，那么身体则是不可或缺的。对于机器人研发人员来说，这样的人工智能还是很容易实现的。"

　　也有人工生命研发人员认为："情感是由身体产生的，从而人类的智能随之出现。因此，如果想要实现和人类一样的智能，那么身体则是不可或缺的。"

　　说到"人工的智能"，其实各个生物的"智能"是不同的。但我认为这并不只是工具的区别。如果你的目标是研发出在现实社会中和人类共存的人工智能，那么则需要一个能够和环境进行相互作用的身体。

　　我有时会从科学观点出发，有时又会从工程学观点出发，去研究五感和感情。因此，我十分在意的一点就是，人该如何通过五感，将感知到的信息去转换成人工智能呢？

我在前面也讲到过，若是只考虑日本象棋、围棋等比赛中的人工智能，则只需要软件就够了，不需要身体。只是，如果将人类对局时的感受、落棋声、手指摩擦声等声音所传达的感觉也导入人工智能，让人工智能和人类同样拥有感知地进行对局的话，或许身体还是不可或缺的。

为此，我将在第 2 章中讲述如何将信息导入人工智能中。这样的人工智能书籍还是很少见的吧。

在这里，我们先做一下第 2 章的预习吧。

五感之中，作为系统将人工智能与外界连接起来的链接之中，视觉是高精准度的相机，实时导入信息的传感技术*十分发达。想象一下，在机器人的身体上安装相机会如何。

听觉是同样的，声音识别技术十分发达，没有任何问题。

嗅觉也是同样的，如果不考虑对香味的喜好的话，只要有传感器在便可以将这些信息导入。

味觉的话，味道本身是无法感知的，但人工智能本来就不吃东西，所以不需要考虑。

在与外界的相互作用之中，触觉是十分重要的接口，因此需要以某种方式来实现。

所谓手感，乃是从人的身体中所产生的感觉，例如，弯曲手指等行为产生的身体经验。将诸如此类的感觉导入人工智能中是十分困难的，需要与人形机器人等合作研究。

 传感技术是指使用传感器来测量各种信息。

第1级人工智能

之前在第9页中已经讲过，人工智能伴随着计算机发展至今。

但同样是人工智能，其中有一些与智能相差甚远，也有另外一些超越了人类的智慧，因此可以将人工智能分为不同的等级。

我们也提到过很难对人工智能的"智能"下定义，在这里让我们通过等级划分来思考人工智能可以做什么。

> 实际上，现在的人工智能可以分为1～5这5个等级，目前最新的人工智能是第4级。接下来我们将按等级顺序分别进行讲解。

在上一节中，我们讲到了机器人和人工智能的区别，如果用机器人来指代人工智能的话，那么它属于控制类的那一部分。

第1级人工智能指包含简单控制程序的家用电器等，其控制程序只是简单地关联了输入和输出关系。近年，当你去家电卖场时，能看到有很多电器都标注了"配备人工智能"。

例如，吸尘器、空调、空气净化器、洗衣机、冰箱、微波炉等等，这些给人们提供了生活上的便利的家电产品，正在朝着代替人类做家务的方向进一步发展。

这些电器中，有的只是配备了一个非常简单的控制程序，而有的则具有各种各样的传感器（输入）和执行器（输出），甚至与第 2 级 AI 都无法区分。

不久前，**配备人工智能的空调只能保证维持在适当的温度之内**。但现在，空调能分辨出房间里的人，预测体感温度，控制气流。另外，之前搭载人工智能的洗衣机只能根据要洗衣物的量来调节水量，但近年来它开始具有对话功能，甚至可以向使用者提出一些建议。但是，如果对话很简单，就不能说它已经超过了 1 级水平。

微软与德国家电制造商利勃海尔（Liebherr）的家电部共同研发的"能够自动识别储藏内容的冰箱"成了热门话题。如果冰箱能根据储藏内容推荐菜肴的话，那么它就将超过 1 级水平。不过，如果只是拥有让人在外面也可以通过网络用摄像头看到冰箱内部这一功能，虽然很方便，但不能说这种功能就是人工智能。

似乎在很多情况下，一些为实现人工智能而只是使用了基础技术的电器，也会与人工智能混杂在一起，很多时候人工智能只是营销的"噱头"。

 第 2 级人工智能

在家用电器领域，由 iRobot 公司所研发的扫地机器人伦巴（Rumba）作为配备有人工智能的家用电器早早登场。该公司于 1990 年，由科林·安格尔带领他的门生罗德尼·布鲁克斯、海伦·格雷纳共同成立。这三人共同出身于麻省理工学院最大的大学实验室——计算机科学与人工智能实验室（Computer Science and Artificial Intelligence Laboratory, CSAIL）。

有一些研究人员声称这一机器人可以通过传感技术来行动，具有蟑螂级别的智能。但是，最新的产品可以通过十个传感器来收集房间的详细信息，每秒做出 60 多次判断，并且在 40 多种行为模式中选择最合适的动作执行。

因此，可以说这种先进的扫地机器人所代表的最新家用电器已经达到了第 2 级的水平。

2016 年，有许多家用电器配备了第 1 级人工智能，我们可以感受到先进的人工智能技术投入实际使用中的速度之快。具有各种感知和行为模式，以及对问题的响应模式，也就是非常讲究关联输入和输出方法的人工智能，是处于第 2 级的人工智能。

与第 1 级 AI 相比，第 2 级 AI 更为复杂。

伦巴　　　　　通过计算机进行　　　一般的
　　　　　　　一系列操作　　　　日本象棋
　　　　　　　　　　　　　　　　　程序

作为一款普通手机软件的**日本象棋程序**，也属于这个级别。此外，根据输入的推断和搜索来破解迷宫和谜题之类的程序，以及通过提前输入如同数据库一般的知识库来得出结果的诊断型程序，也都属于这个级别。

从很早开始，计算机所做的大部分工作都达到了这个级别的水平。在我的实验室里，也很好地制作了第 2 级别的软件。

第 1 级和第 2 级 AI 的讲解就到此为止。接下来讲解的第 3 级和第 4 级 AI 将会引入"机器学习"这一概念。机器学习，顾名思义，是指让机器（计算机）来学习事物的特征和规则。计算机如果能够学习，将会变得更"聪明"。

机器学习！总觉得是一个很重要的关键词呢。

第 3 级人工智能

很多系统都能通过学习而变得更"聪明"。我们将在第 3 章中对此进行详细的讲解，这里只是简单地提一下。引入了"机器学习"的人工智能，进入了第 3 级。

隐藏在搜索引擎里，或以网络上的大数据为基础自动进行判断的人工智能都属于这一等级。

输入和输出相关的方法是以数据为基础进行学习的，并使用了本书第 3 章中介绍的机器学习的算法。自 20 世纪 90 年代中期至 21 世纪初，互联网开始普及以来，搜索引擎在研究和开发领域也迅速普及。最初它是第 2 级人工智能，通过学习已经发展到了第 3 级，并取得了良好的效果。

在机器学习过程中，深度学习（Deep Learning）是指计算机自动提取特征，推进学习的过程。

这是现阶段能够自主学习的最新人工智能，可以说是第 4 级人工智能。关于这一部分，也将在第 3 章中详细讲解。

嗯，出现了好多复杂的术语……提取特征？深度学习？这都是什么，晕了……

深度学习是机器学习的新方法。现在大家不清楚也没关系哦。这些新出现的术语我已经整理好了，并且在第29页做了笔记。请大家稍后再确认一下。总之，请大家先记住，深度学习是比机器学习水平更高的人工智能哦。

 ## 第4级人工智能，专用人工智能

人工智能从第1级发展至第4级，在游戏领域似乎已经超越了人类。然而这些人工智能只能在特定领域发挥有限的智能，被归类为"专用人工智能"。

例如我们所熟知的下国际象棋、日本象棋或者围棋的程序，识别和回应声音的程序，回答猜谜游戏的程序和自动驾驶的程序等，这些人工智能可以识别、预测和执行信息，但所有的目的都是特定的。

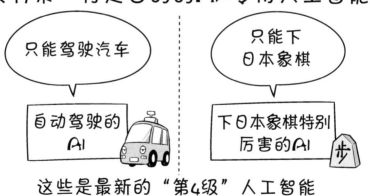

人类可以将在围棋上学到的经验运用于其他领域，然而围棋AI无论在围棋领域有多厉害，却无法做到除围棋以外的事。

教对话机器人语言后，可能会让它的反应变得更加丰富，但是它不会学习你没有教过它的新东西。为了学新事物，程序员必须要重写机器人的程序，它们最终还是依赖于人类。

由于工程师创建了各种问题的应答模式，我们会觉得可以自然地与机器人进行对话。但是这可能只是因为人们之间的对话本来就是模棱两可的。

我们刚刚谈到了"专用人工智能"，它只能做一些特定的事情。接下来，我们来谈谈可以做各种各样的事的"通用人工智能"。顺便说一句，通用意味着一个事物可以广泛用于各种领域。

第 5 级人工智能，通用人工智能

最后，我想谈谈目前尚未实现的"通用人工智能"，对于人工智能研究人员来说，它仿佛是一个梦想。

专用人工智能是仅限于特定领域的有限智能。与此相对，通用人工智能可以像哆啦 A 梦和阿童木一样行动，有时会发挥出超人的能力。它们可以理解事情的背景，察言观色，理解人的意图，听懂笑话，进行想象。甚至可以说，它是一种能够理解人们的喜怒哀乐，有愿望和自己的喜好，理解事物的质感，能够与人产生共鸣的人工智能。

如果人工智能达到这种水平，可以说它到了第 5 级。但大家普遍认为，如果采用与到第 4 级为止相同的研究方法，人工智能是很难达到第 5 级的。

我正在进行的研究以达到通用人工智能为目的，因此，我对其将来表示期待。但正如我们将在下一节讨论的那样，如果人工智能达到第 5 级，人类将面临危险的局面。

尽管第 4 级及以下的人工智能对于人来说很方便，但是第 5 级的通用人工智能不仅具有与人类相同的智能，还拥有第 4 级专用人工智能的能力，也就是在特定领域已经超过了人类的能力。因此对人类来说，第 5 级人工智能不一定是有利的存在。

POINT

在这里我们稍微预习一下第 3 章的内容吧。

★ 机器学习：让计算机学习事物的特征和规则。

★ 深度学习（Deep Learning）：机器学习的新方法。

★ 特征：事物（学习数据）的特征要素。

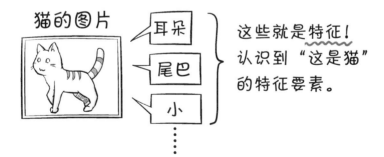

· 第 3 级 AI 可以进行机器学习，从人类这里学习到特征。

· 第 4 级 AI 可以进行深度学习，即使没有从人类这里学习到特征，也能自己提取特征进行学习。

1.3 人工智能会超越人类吗？

嘀嗒 嘀嗒

到了吃零食的时间呢。

是的。

①

②

机会难得，我来泡一杯咖啡吧。我泡的咖啡是完美的……

运用了所有的数据、统计原理，是人类知识的结晶！

好喝到咖啡专家都要转行不干了。

是吗啊

③ ④

将来，我泡出的咖啡将创造新的历史……

人工智能的确可以夺走人类的工作呢……

实际上，工作还增加了呢……

啊！

可怜

咖啡豆洒了！

这个东西到底是什么？嗯

咣

哎呀，咖啡杯也打破了，没受伤吧？没事吧？我来帮你收拾吧。

温柔的坂本老师，十分感谢您。我的咖啡应该是完美的，但是要泡出来还很困难。我是不是设计得太蠢了啊。呜呜，好郁闷。

哎呀，不要失望。你稍微粗心一点，周围的人会更加放心哦。如果机器人太完美太聪明的话，可能会让人产生对奇点的恐惧……啊，我还没有解释奇点的含义。我可能也有点粗心呢！

奇点是什么?

有人曾预测计算机性能将在 2045 年超过人类的大脑。这一预测是以"摩尔定律"为基准得出的。摩尔定律认为每 18 个月(1.5 年)计算机芯片性能便会提升一倍。

基于这一预测,在不久以后,通过人们不懈的努力,将使人工智能比人类更"聪明"。因为有身体的事物可能更让人容易理解,所以,让我们暂且假设一个比人更聪明的机器人被制造出来了。

这种机器人比人类更聪明,所以它们能制造出更加聪明的机器人吧。接下来那个聪明的机器人,会不断制造更聪明的机器人。最终,人类将被抛弃。

因此,当人工智能可以自己制造出超越自己能力的人工智能时,这一时间被称为奇点(技术奇点)。

至今为止,第 1 级到第 4 级的人工智能都是在人类的帮助下开发的。从人工智能生产出比自身更聪明的人工智能的那一刻起,人工智能进入了完全不同的阶段。

在数学上,即使小于 1 的 0.9 相乘 1000 次,结果都接近于 0。但略超过 1 的 1.1 相乘 1000 次,将得出一个非常大的数字(2.47 乘以 10 的 41 次幂)。

换句话说,即使相乘的数只是略超过 1.0,也会瞬间发散为无限大。因此它被称为"奇点"。

奇点：可怕？不可怕？

可以说，在国际象棋、日本象棋和围棋等**游戏领域**，奇点已经产生了。

通过第 3 章将讲到的深度学习，我们可以知道，在游戏世界里，人工智能可以用人类无法达到的速度开始自主地学习，并以无人能想到的方式获胜。换句话说，在游戏领域，人工智能已经超越了人类。

日本象棋AI

然而，像这种在游戏领域中的奇点并不可怕。

就我本人而言，我其实一直在思考，迎来了奇点的游戏对人类来说有什么意义吗？如果超越了人类的人工智能能够让人们意识到以前没有注意到的事情，那么人类或许就可以变得更强大。然而在深度学习中，甚至是开发人员也不知道计算机正在做什么。所以说，想要借助人工智能来让我们变得更强大，还是很困难的。

如果在自动驾驶中发生这种奇点，那就很可怕了。

很有可能会出现的情况是，人们因为无法理解驾驶控制程序所做出的决定而十分困扰。关于这一点我们在第 4 章中再进行详细阐述。

可能对人类构成威胁的**真正奇点**不是这些个别领域的奇点，而应该是第 28 页中提到的通用人工智能实现之后的事吧。

 人工智能如果和人类的行为相同的话，有时候也可能出现比人类更聪明的人工智能……如果真的出现了，应该会很可怕吧。它们并不一定都像哆啦 A 梦和铁臂阿童木那样对人类那么友好。

如何实现通用人工智能？

那么，要怎样做，才可能实现通用人工智能呢？

基于学习的专用人工智能只要能够达到目的即可，因此没有必要采用与人类大脑相同的处理过程。但通用人工智能为了像人类一样行动，需要复制人类大脑进行研究。

人们认为应该利用计算机来很好地结合大脑新皮质、大脑基底核和小脑以实现这一目的。

大脑新皮质在人类大脑中特别发达，并且负责诸如视觉、听力、语言、计算和计划之类的处理工作。

在人的大脑中，关于这一部分有很多地方还不清楚，并且很难在计算机上重现。但有人考虑能否使用第 3 章所述的"无监督学习"这一方法。

关于大脑基底核的机制，目前还有很多地方尚不清楚，但据说基底神经节已经学会尽量做只对自己有益的事，不做无益之事。因此，我们认为它类似于本书第 3 章所述的"强化学习"。

与大脑的其他部分相比，小脑具有更简单的神经回路，并且研究进展顺利。通常认为，小脑就像本书第 3 章中将要解释的"监督学习"。

什么是无监督学习、强化学习、监督学习呢？让我们期待第 3 章吧！

AI 导致人类灭亡的可能性有多大？

顺便说一句，如果实现通用人工智能，它到达奇点后，人类是否有可能灭亡呢？

著名的科学家、企业家雷·库兹韦尔（Ray Kurzweil）创建了一个名为奇点大学的教育计划，并大力提倡这一计划。他认为使人工智能、基因工程和纳米技术相结合，人类将实现"与生命融为一体的人工智能"。

库兹韦尔甚至说，将人的意识上传到计算机便能使人长生不老。但如果你真的能做到这一点，可能只是想要将其上传到一个漂亮的人形机器人身上。

《人工智能狂潮：机器人会超越人类吗？》一书的作者松尾丰说，假设人工智能可以自主制造出新的人工智能，那为了征服人类可能采取什么方法呢？他说了以下的场景，认为在现阶段人工智能征服人类是不现实的。

首先，通过机器人让人工智能产生生命的意识，给机器人嵌入"欲望"，使它想将自己留下来，增加自己同类的数量。

这样一来，由于机器人想要再生产多个自己，它需要有一个机器人工厂。然而，要在工厂生产机器人，它必须制造或购买生产机器人的材料。

再假设它不是一个实际存在的机器人，而是一个嵌入"欲望"的计算机程序，它在将自己的程序复制并传播时会感到开心，接下来，我们会将它当作病毒来看待。

复制程序很容易，因此它会像病毒一样滋长。假设它成了一个不断修改病毒的程序。该程序可以访问各种数据库，通过反复试验尝试奇怪的指令，混淆人们的思维，使人类按它的想法行动。

这样的场景仿佛发生在电影里，但是这种程序只要稍微有点错误就不能运行了，所以要顺利编写出一个如此壮观、随处都可通用的程序是不可能的。该程序也容易受到意外、外界变化等的影响，因此不可能操纵那些行动难以预测的人。

由于难以赋予人工智能生命，那么就让我们先创造一个生命，将智能嵌入它的身体，看看会发生什么。

创造生命必须要先假设一个环境，然后通过优胜劣汰，挑选出优良的品种。

如果你可以准备多个人工智能工作环境，事先准备好随机要素，不管发生各种环境变化都能提高生存率，那么具有高智商的人工智能将有可能开始控制人类吗？

尽管我长期以来一直在上述的人工生命和进化计算领域进行研究，但是也有人认为，在计算机外的真实环境中，将智能工程与基因工程联系起来，赋予人工智能生命是不可能完成的。

因此，即使实现了通用人工智能，人工智能自身似乎也不可能进行繁殖，更不可能令人类灭亡。

哦哦，得出了不会使人类灭亡的结论，真好啊！然而，人工智能居然还会涉及长生不老或者人类灭亡，这个话题还真是非常大又不可思议呢！

AI 之下我们的未来会怎样改变呢？

英国经济学家约翰·梅纳德·凯恩斯在 1930 年时预测："100 年后，人类将每天工作 3 小时。"

如果人工智能可以替代我们的大部分工作，那么人们或许会从劳动中解脱出来。

人们对于配备人工智能家用电器的需求，体现了很多人想要从家务中解放出来的诉求。家务劳动没有明确的价格，所以很少有人认为他们不做家务就会变得更好，虽然人工智能也可以做家务，但人们也不会被禁止做家务。肯定有些人还会认为手工制作的饭菜比人工智能制作的饭菜要好。

问题是那些价格明确的劳动会变成什么样呢。如果通用人工智能得以实现，那么人工智能就可以做大部分人类所做的工作。人工费是最贵的成本，而且人类过度劳动会对身心造成伤害，但人工智能不会感到疲惫，可以一直工作下去。

这样一来，公司将以降低成本的名义积极引入人工智能。在这种情况下，企业经营者因为降低了成本会更富裕，他们和失业者之间的两极分化将会更加严重。

我们可能会听到人们对于未来的担心声音。
"将来我的工作可能会被人工智能所取代吗？"
"让孩子学点什么，掌握什么能力才好呢？"

将来，哪些职业会消失？

在牛津大学 2013 年发表的一篇论文中，列出了接下来 10～20 年中"会消失的职业"和"会留下来的职业"。

下表引用了该论文的部分内容。

未来可能消失的职业	未来可能会留下来的职业
呼叫中心接线员，电话推销员	内科医生，外科医生，牙医
窗口服务，接待	让人放松心情的心理咨询师
数据收集，分析	负责人，主管
金融，证券，保险	理疗师
运输，物流	小学教师
裁判	营养学家

 未来可能"会消失的职业"和"会留下来的职业"的例子。

为什么会以上面这些工作为例呢，接下来我们说一说理由。

由于人工智能具有较高的声音和图像识别能力，因此我们预计从事与声音和图像信息的识别以及日志搜索相关工作的人将很有可能被人工智能所取代。比如数据收集、输入、加工、分析以及电话接线员、订购产品和发出订单等工作。

此外，人工智能也将取代银行出纳员、贷款或证券公司和保险代理的一些职能人员，因为它具有很强的预测能力，如数值预测和需求预测等。

将来说不定可能会有这样的场景出现……

目前，已经出现了人工智能预测销量和需求、自动评估用户感兴趣的业务以及个人订单预测等的实例；也出现了匹配内容的广告、产品推荐和搜索链接广告的实例。因此，人工智能或将逐渐取代广告代理商。

此外，人工智能还具有高水平的执行能力，并且可以写作、作曲和设计。人工智能还可以完成一些简单的任务，如制作食谱、玩游戏、回答问题和拧紧瓶盖等，甚至还可以自动驾驶。

你是否认为，只有收集数据、输入数据、分析数据等使用计算机的工作会消失呢？如果你是这样想的话，那你可能会感到惊讶了。早在19世纪，人们就引入了纺织机等生产机器；20世纪，机场登记处和呼叫中心引入了自动语音指南。在这些手续繁多的事务性工作里也能导入机器，那么随着人工智能的演变，手工工作者将被取代也是顺理成章的事了。

将来，哪些职业会留下来？

　　虽然上文中提到人工智能会替代手工工作者，但正如我在前文中提到的那样，人工智能既没有直接与外界相互作用的身体，也没有用于捕获信息的五感。因此，需要通过身体来感觉的工作、精细的体力劳动，以及需要用到五感的工作，很有可能会在 10 ~ 20 年后保持下去。这些职业包括让人放松的心理咨询师、理疗师、牙医和舞蹈编导等。

　　此外，人们普遍认为人工智能缺乏高阶能力，也就是说，所谓"责任重大的工作"是不可能消失的。其中包括施工现场监督员、危机管理人员、消防和灾害管理监督员、警察和犯罪现场管理人员、住宿设施的管理人员、内科医生及外科医生等医生和小学教师等。

　　由于人工智能是基于许多先例和类似案例进行判断并做出逻辑分析的，如果输入的案例很少，它们就无法找到对策。
　　而人们可以从以前的经验中扩展他们的知识并应用，还能尝试解决前所未有的问题。
　　人工智能有时甚至无法找到任务，但人可以根据各种经验，从他们面对的工作中发现问题。

　　尽管可以向 AI 灌输每个领域的知识，但人类使用他们的身体和五感积累下来的丰富经验是很难导入人工智能当中并教导它们的。
　　因此，不能要求人工智能理解所谓的常识或隐含的意思。

　　虽然人工智能是合乎逻辑的，并且可以提出最适合的建议，但它无法因人而异进行良好的沟通，发挥出引导人们行动的领导力。因此，人工智能无法做"责任重大的工作"。

此外，由于人工智能不能拥有真正的"心"，因此进行需要同情他人、与人心灵相通的工作是很困难的。

因此，心理健康工作者、听觉训练师、医疗社会工作者、营养师、小学教师、临床心理学家和学校的心理咨询师不能被人工智能取代，是很有可能留下来的职业。

好吧，至于人工智能研究人员和其他学者，当奇点到来时，人工智能会成为下一个人工智能开发人员。也许只有第一个研究出能够开发新人工智能的人工智能的那个人能留下来。

所以，对许多人来说，"将来，我的工作会被人工智能夺走"的恐惧似乎并不是与自己无关。

为什么？如果没有了工作，不是可以什么都不做，每天悠悠哉哉的吗？毕竟好不容易才从劳动中解放出来呢。

可是人类是不可能什么工作都不做的。失业后不仅会担心经济问题，还会对社会产生疏离感。

好吧，我现在无法理解这个烦恼……的确，我可能不适合当心理咨询师！完完全全地理解人类的烦恼真是一件非常困难的事呢……

第 **2** 章

容易导入人工智能的事物和
不容易导入人工智能的事物

在第 2 章中，我们将讨论容易导入人工智能的事物和不容易导入人工智能的事物。让我们一起学习计算机上"易于处理的信息"和"难以处理的信息"。了解了这个之后，容易和不容易导入人工智能的事物将显而易见。你可以更好地了解人类和人工智能之间的区别!

容易导入人工智能的事物

坂本老师，那边可以看到麻雀，好可爱哦！

在哪里？ ①

我看不到呢。你配备的高性能摄像机比人类的眼睛厉害多了。

②

③

说起来，坂本老师……

④

不要！不要用你的高性能视觉看我！

咳咳，先不管皮肤干燥的事。我们今天首先要讨论的话题是"容易导入人工智能的事物"。计算机"易于处理的信息"是什么呢？思考一下吧！

嗯，总觉得很难呢。容易导入的东西，易于处理的东西，就算听了老师的解释也不能马上领会呢。

哈哈，你好像还没有意识到，现在我们能够对话，就是因为你在对"听觉信息（声音）"进行处理。刚刚你看到的麻雀是"视觉信息（动态画面）"。

哦哦，表面上我好像和人类一样在看在听，原来实际上是在处理信息（数据）啊。

可以导入网络上的任何信息

在第 1 章中，我们提到了人工智能的历史：始于计算机，伴随着计算机的发展而发展。

我认为人们使用人工智能，从一开始最熟悉的就是计算机（可能存在个体差异）。因此，请大家想象一下将信息导入计算机这一情景，应该是最容易理解的。

在第 1 章中我们还讲到，由于很难将知识灌输到人工智能中，第二次 AI 热潮结束了。紧接着，20 世纪 90 年代中期搜索引擎诞生，互联网得到了爆炸式的普及。进入了 21 世纪后，随着网络的普及，获取大量数据成为可能，将知识导入人工智能也变得更容易，因此，我们现在正处于第三次 AI 热潮。

现在，人工智能可以包含网络上的任何信息。

就算什么都不做，网络上的信息已经泛滥了。

世界上第一个浏览器万维网（World Wide Web，WWW）于 1990 年在欧洲核子研究组织（CERN）由蒂姆·伯纳斯·李开发出来。他在搭载了 NEXT 计算机公司操作系统的 NEXTSTEP 上完成了开发。

在互联网发展初期，在网页上整理信息的方法是基于雅虎的"分类目录"搜索引擎。 雅虎试图通过人力整理互联网上的所有信息。 正如我在第 1 章中提到的第二次 AI 热潮的问题，这种方法没有追赶上网页数量的爆炸式增长。

接下来登场的谷歌，采用了网页排名（PageRank）这一整理信息的方法，取得了成功。一个页面中有指向另一个页面的超链接，被视为对另一个页面的投票，所有网站按重要性顺序进行排名。而现今，由用户主导的社会书签和维基百科等信息整理方式已经取得了进展。

当链接和分类目录的搜索引擎成为主流时，浏览器为人们提供了书签功能，用户自己可以通过管理网站上的链接来整理信息，但自从使用谷歌以后，我们开始依赖高度精确的机器人搜索引擎来搜索网络，而无需自己组织信息。

正如每个正在使用搜索引擎的人所知道的那样，网络上的信息变得越来越多样化。除文本信息外，你还可以自由搜索图像信息等多媒体内容。

人工智能可以在网络上使用如此大量的信息，成了第三次 AI 热潮的基石。

0 和 1 数字数据

可以导入人工智能的信息，是计算机可以处理的信息。

在计算机上，数字和字符都被数字数据"0"和"1"替换，然后处理并存储。

1 位"0"或"1"的单位称为"位"（1bit 或 1b），这是计算机处理的最小数据单位。另外，8 位是"1 字节"（1Byte 或 1B）。例如，假设字母表中的字母"A"为 0 而"B"为 1，则 1 位可以表示 A 和 B 两种类型的字母。

2 位可以表示 "00=A" "01=B" "10=C" "11=D" 这 4 个字母。

1位	2位	3位
2^1=2种	2^2=4种	2^3=8种

· · ·

8位（1字节）	16位（2字节）	32位（4字节）
2^8=256种	2^{16}=65536种	2^{32}=4294967296种

像这样，位增加时，表示的信息也随之增加。

　　这种计算机处理的 "0" 和 "1" 的组合称为 "二进制数"。人们通常使用的是 "十进制数"，使用 0 到 9 之间的 10 个数字。还有一种 "十六进制数"，它使用 10 个数字和从 A 到 F 的 6 个字母。十六进制数用于创建网页时指定字符代码和颜色。

例如，浅蓝色（Light blue）的颜色代码为 "#ADD8E6"。此外，日语平假名和汉字也有其特定的字符代码。对人类来说，这是很难理解的，但计算机一直是用这样的方式来处理信息的。

　　在 Web 上使用的文本文档（如 html 等）里，当前用作标准的字符代码中，单字节字符由 1 字节表示，全字节字符由 3 字节表示。

各种数据（语言、动画、音频）

各种数据以文件的形式存储在计算机中。文件有各种各样的类型，可以广义地分为诸如操作系统（OS）和应用软件的程序文件，以及由应用软件创建的文档（数据）文件。

它们各自以不同的文件类型存储，这个文件类型分为两种，一种是取决于创建它的应用程序而保存的原始格式，另一种是通用格式。

通用格式文件不依存于应用软件和操作系统（OS），大致可分为文本格式和多媒体文件格式。

> 接下来我将对数据的格式进行说明。如果你经常使用计算机，应该对 PDF 或 JPEG 这些词已经很熟悉了吧。

文本格式文件（.txt）仅包含字符代码和换行代码，可在大多数处理字符的应用程序中读取和写入。

CSV 格式（.csv）的应用程序基本上也是文本格式，但字符和数字数据用逗号（,）分隔，用换行符分隔记录，它是专门用于存储表格数据的文件格式。

PDF（.pdf）是一种电子文档格式，通常可通过网页和电子邮件浏览和发送。

多媒体文件格式用于信息当中，如图片、视频和音频之类的信息。文件格式有很多种类，这里我们只介绍其中一部分。

　　静止图像有很多种格式。其中 BMP（.bmp）的静止图像是以点的集合来保存的文件格式。GIF（.gif）是只能显示 8 位颜色（256 色）来处理信息的文件格式，但它采取了可逆压缩的方式，所以不会降低图片质量。JPEG（.Jpg）是可以处理 24 位全彩色的文件格式。PNG（.png）可以显示 48 位全彩色，采取了无损压缩，不会降低图像质量。

　　动态图像也有很多格式。其中 MPEG（.mpg）是将动态图像压缩与存储的文件格式。MPEG-1 利用了 CD-ROM，画质与 VHS 视频相当。MPEG-2 利用了 DVD 和数字广播等，有着高清晰度的画质。MPEG-4 运用了手机和播客（podcast）上的视频传输功能。

　　音频也有各种格式。WAVE（.wav）是 windows 中的标准音频文件格式，将声音采样以数据形式保存。MP3（.mp3）应用了压缩运动图像 MPEG-1 的音频部分，是一种音频压缩格式。

歌声真好听！
（听觉）

衣服真好看！
（视觉）

文件

计算机可以将信息放进各种各样格式的文件里。

　　人类通过五感获取信息，计算机以各种文件格式捕获信息。

　　通过这种方式，计算机易于处理的语言、动画和音频之类的信息，也可以很好地应用于人工智能中。

让计算机拥有视觉

正如我们在第 46 页中所描述的那样，动态图像也可以很好地应用于人工智能之中。

动态图像是人们通过视觉获得的信息。随着摄像机的演变，人们可以更轻松地获取这些信息，并将其放入计算机中。

根据"佳能科学实验室·儿童"网站所示，针孔（pinhole）相机是相机的起源，它运用了"小孔成像"这一从公元前就广为人知的原理制作而成。

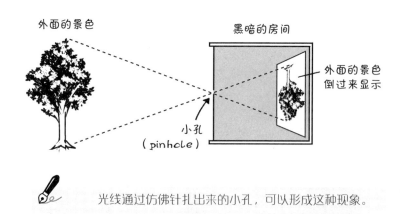

光线通过仿佛针扎出来的小孔，可以形成这种现象。

然而，关于最早的针孔相机，虽说它也叫相机，但并没有拍摄功能，似乎是仅在针孔相对侧的磨砂玻璃屏幕上安装了显示风景等的装置。15 世纪，人们对针孔相机进行了各种各样的改进，改良后的针孔相机被称为"暗箱"（也就是所谓的小暗室），在欧洲画家中广受欢迎。此后，进入了 16 世纪，人们用凸透镜取代了针孔，可以捕捉到更加明亮的图像。

因此，尽管相机的历史久远，但直到可以通过数字来记录静止图像的数码相机出现以后，计算机才可以像人类一样取得视觉信息。

数码相机的演变

1975 年，伊士曼柯达公司的开发人员发明了世界上第一台数码相机。

数码相机

此时的图像尺寸是 100×100，10000 像素。

1988 年，富士胶片公司发布了人类历史上第一台面向普通消费者的、用数字记录图像的相机，可在 SRAM-IC 卡上记录图像，当时也可用于笔记本电脑。

1993 年，富士胶片公司发布了"FUJIX DS-200F"相机，该相机首次采用了闪存功能，能够在没有电源的情况下记录和保留数据。

自 1994 年卡西欧计算机的数码相机推出以来，数码相机迅速普及。当时，正处于 Windows 95 热潮中，个人电脑开始进入普通家庭，因此将图像导入个人电脑这一功能也广泛应用。

之后，许多公司开始为普通消费者开发和制造数码相机。同样是 1994 年，出现了第一个有视频录制功能的相机，同时理光公司发布了使用 JPEG 连续图像作为记录方法的相机。

众所周知，自 1999 年以来，相机的高像素竞争和小型化竞争日趋激烈，性能也迅速提升。

从仅有 400000 像素的数码相机，发展为超过 50000000 像素的图像质量，达到了可以再现画面质感的画质，通过拍摄裸眼 3D 立体图像，实现了用人眼来获得立体的影像。

虽然有点匆忙，但我还是一口气介绍完了相机的历史。数码相机的"像素"越高，图像质量也就越好。接下来我将解释像素是什么。

像素提高，超过人类？！

像素表示在一定范围内的像素数量总和。

如果是数码相机，其核心部件就是 CCD 或 CMOS 一类的图像传感器。像素本身作为一个单位，并没有明确的尺寸大小。例如，200 万像素表示在图像元素的范围内存在 1600×1200 个像素点，400 万像素则表示存在 2304×1728 个像素点。

换句话说，随着像素数量的增加，像素的点会变小，并且可以更流畅地显示精细部分。

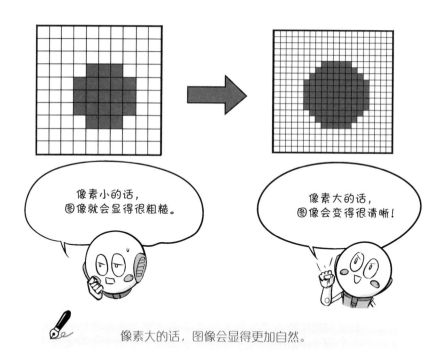

像素大的话，图像会显得更加自然。

如果说摄像机能够超过人眼的能力，也就是说，在视觉信息处理方面，人工智能超过人类的可能性也很高。

世界共享的数据

在第三次人工智能热潮的背景下，图像识别领域也发生了一些变化。通过数码相机获得外界的视觉信息，然后用计算机对这些信息进行图像加工处理的过程变得更加简单，网络上的数据也开始大量涌现。

但还有更重要的事情值得我们关注，那就是图像数据集的建立，这件事使得全球的研究人员能够用同一数据集来竞争各自的图像识别精度。

如果每个研究人员任何时候都使用不同的数据集进行研究，即使图像识别的精度有了进步，也有可能是研究人员碰巧使用了好处理的数据，又或者数据恰好比较好而已，所以很难进行相关的比较。就图像领域而言，其优势之一是世界各地的研究人员可以通过网络共享相同的数据。

举个例子，手写数字识别库（MNIST）是训练计算机手写文字识别能力的数据集，其中包含了 0 ~ 9 的 10 个数字的各种手写体，常用于图像识别研究。

手写数字识别库（MNIST）。

好丑……不是，有些字好有个性啊……

正因为有难以分辨的文字，才更加适合做训练材料。能够识别这些文字的人工智能也会更加聪明。

利用网络搜索，我们能够立刻获得手写数字识别库（MNIST）的数据集。

在这个数据集中，每个手写数字以图片的形式呈现，它的像素非常低，只有 28×28，即 784 像素。这样的图片共有 7 万张，每个数字都配有正确答案的标签。

人工智能将这些图片分解成像素单位，输入到神经网络中（详见第 3 章），就能够进行数据处理了。

文字识别技术在 20 世纪 80 年代就已经达到了很高的水平。随着图像识别的应用越来越广泛，计算机可学习的样本更容易获得，且数量也越来越多，于是就引发了当下的 AI 热潮。

人工智能能够分辨出手写数字识别库中难读难懂的数字，比如判断出"这是 3""这是 6"等。但是比起文字，如果能够识别"一般图片"才更加厉害吧！实际上，人工智能已经能够识别我们这个世界上各种各样的图片，也能够精确地判断出"这是猫""这是狗""这是郁金香"等等。

图像识别的竞赛：ILSVRC

全球性的图像识别竞赛 ILSVRC（ImageNet Large Sale Visual Recognition Challenge，ImageNet 大规模视觉识别挑战赛）给第三次人工智能热潮带来了契机。

ImageNet 是一个包含了超过 1400 万张照片的图像数据库。在比赛中，人工智能通过机器学习的途径学习 1000 万张照片，再用其中的 15 万张照片进行测试，识别正确率最高的获胜。

2012 年，使用深度学习的图像识别技术在这个比赛上正式发布，我们在第 114 页还会详细介绍。

ImageNet 收集了大量的概念英语辞典 WordNet 中的词条图像。概念英语辞典 WordNet 是由普林斯顿大学的教授乔治·米勒（George Miller）主导开发的。

该数据库全面收集了各词条的样本图像，利用现有的基于文本的图像搜索引擎收集原始图像，并采用外包服务的人海战术进行数据标注，成功地构建了一个大规模、高质量的监督数据集。

〈图像说明〉
· 猫（三色猫）坐在椅子上

这个图像也和 MNIST 一样附有正确的标注呢。每张样本图像都带有 "这张图片表示……" 的正确图像说明，并且数量还不少呢。

从 2010 年起，每年都使用 ImageNet 中的部分数据举办图像识别竞赛 ILSVRC，研究人员可以自由地利用比 20 世纪庞大数百倍到数千倍规模的数据。另外，全世界的研究人员在同一个平台上切磋竞争，为推动图像识别领域的进步做出了极大的贡献。

除此之外，在同一时期，GPU 技术的进步也为计算机能力的迅速发展做出了贡献。现在，除了物体识别，人工智能也在逐渐实现只有人类才能做到的 "质感识别" 了。

在产业界中，谷歌等公司通过自身的服务收集了大量的数据用于人脸识别技术研发，促使人脸识别技术迅速发展，成果显著。目前的人脸识别技术可以说与人眼视觉相当，甚至能够超过人眼的视觉能力。

让计算机拥有听觉

介绍完视觉信息（动态图像），接下来我们讲一讲听觉信息（语音）。

人工智能在进行对话时和我们人类一样，第一步是获得语音。将语音输入到计算机中，经过计算机的适当处理，然后再做出相应的回答。人工智能的对话流程与人类差不多。

在做出回答时，需要"语音合成"技术的支持。接下来，我们主要按照计算机的语音输入、将语音识别为语言的"语音识别"的顺序进行介绍。

人工智能进行自然而流畅的对话时，需要运用高超的语音识别技术。如今语音识别技术得到快速发展，智能手机、导航系统等多种设备均具备了语音识别功能。

2009年前后谷歌公司开始研发语音识别技术，但直到2014年前后，人们在使用语音识别时，还需要用很大的声音、字正腔圆地说话，才能让机器听得准确。当机器不能识别时，人们可能要说上好几次，好不容易听到信息后，机器的回答又牛头不对马嘴，结果人们还要一字一句地再说上几次。可以说，那时候人们对语音识别的使用算不上是随心所欲。

不过，进入2016年以后，语音识别的精确度据称已达到90%以上，得到了巨大的提升。这样令人惊叹的进步，可以说是受到了深度学习（Deep Learning）技术发展的影响。关于这个技术，我们会在第4章中做详细说明。

现如今，语音已经算是人工智能较为容易识别的信息了。

使用两个麦克风的语音识别

人工智能进行语音识别的第一步是将语音信息输入到计算机中。完成这一步首先需要的是高性能的麦克风。

在大多数的语音识别系统中，即使存在一些噪声，如果用近距离麦克风（从嘴到麦克风之间的距离在十几厘米以内）的话，也不会有太大的问题。但如果是家用电器和机器人，想要捕捉远距离发出的声音，周围的杂音和混响就会是一个问题。

为了应对这种问题而开发的麦克风，为语音识别精确度的提升做出了贡献。

 在这里我给大家介绍两种语音识别的麦克风系统。语音信息都用波形数据显示，通过比较用麦克风捕捉到的不同波形，我们能够将用户的语音与杂音区分开。无论是哪种方法，都很好地发挥了两个麦克风的优势。

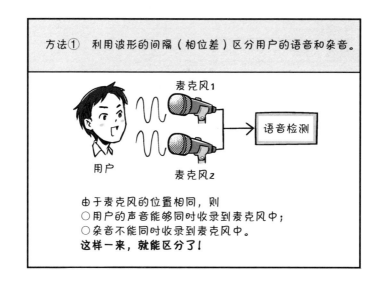

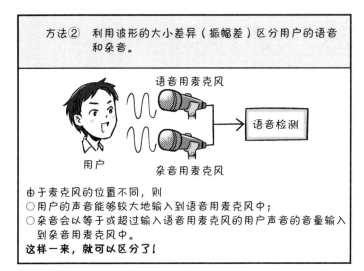

方法② 利用波形的大小差异（振幅差）区分用户的语音和杂音。

语音用麦克风

语音检测

用户

杂音用麦克风

由于麦克风的位置不同，则
○用户的声音能够较大地输入到语音用麦克风中；
○杂音会以等于或超过输入语音用麦克风的用户声音的音量输入到杂音用麦克风中。
这样一来，就可以区分了！

哈哈哈，无论是哪个方法都有两个麦克风呢。无论怎么隐藏，我身上都有多个麦克风。其他的机器人应该也是这样的吧！

 多个麦克风

使用多个麦克风的"多麦克风"（Multi-microphone）现如今正广泛地应用到多种场合之中。

例如，软银（SoftBank）的机器人"Pepper"就装了 4 个麦克风。软银在官网上写道："正因为有了 Pepper 头上的四个定向麦克风 *，它才能做到与人对话和情感沟通"。

 定向麦克风指的是只朝着特定方向收音的麦克风。

　　Pepper 靠这四个麦克风，不仅能够识别音源和人的位置，还能够从人声中读取人的情感并进行判断。由此我们也能够看出多个麦克风的重要性。

　　过去，距离太远、杂音太大、人声和环境杂音混合录入等种种问题都非常棘手。

　　因此，为了防止杂音导致语音识别系统出错，现如今应用了检测人类说话时间的语音检测技术和去除混入杂音的杂音消除技术。

　　下面这个示意图展示了检测重要语音并消除杂音的详细过程，这样一来，人的声音就能清晰又易懂了！

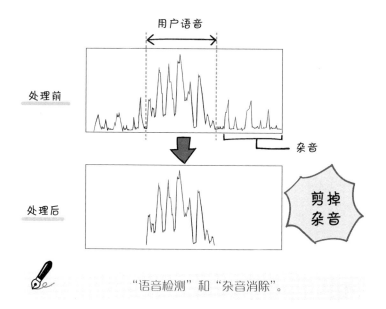

"语音检测"和"杂音消除"。

　　正如第 55 页和 56 页图框中方法①和方法②所介绍的那样，4 个麦克风分工合作，其中 2 个麦克风采用语音检测技术，另外 2 个麦克风从空间上检测出语音和杂音，最终完成语音识别。

拿车载导航来说，利用两个麦克风有方向、有选择性地对驾驶员（说话人）的声音进行收集，将收集到的语音信号用特殊滤波器完成杂音消除处理。

根据杂音的音源，调整两个麦克风的位置，利用到达麦克风的声音振幅区分语音和杂音。这种方式就是利用振幅的语音检测。

使用该技术，即便是在杂音很大的环境中也能够轻松地完成语音识别。

如果要追求更加精确的识别，有时候也会用到 3 个或更多的麦克风。

像这样的多麦克风系统不仅应用在汽车上，也被广泛应用于像 Pepper 一样的机器人或者 iPhone 等智能手机上。

例如，一个麦克风用于通话，剩下的麦克风则用于噪声消除。麦克风技术的发展，推动了机器语音捕捉能力的提升，使得更加精确的人工智能语音识别成为可能。

我们在 47 页中说过多模态的语音识别技术近年也取得了较大的进步，同时运用图像（视觉）信息和语音（听觉）信息使得语音识别更加准确而高效（在一定的噪声环境中也能够平稳地继续工作）。

在听对方说话的时候，不仅需要听觉，还需要视觉呢。如果有视觉信息，就能够知道对方的身体朝向、目光、嘴唇动作了。

 把语音转化成文字？

如果要说得高深一点的话，语音识别将输入的语音信号转换成语音特征向量（将语音各种各样的特征数字化后进行汇总统计），从一系列语音特征向量中，能够推断出对应的单词序列。

这样一来，当计算机获得清晰的语音，即人的声音之后，接下来要做的事情就是将它们转换成"文字"。

将语音转化成正确文字的路径，一直以来都是通过"声学模型"和"语言模型"两个模块共同完成的。

请看下图。

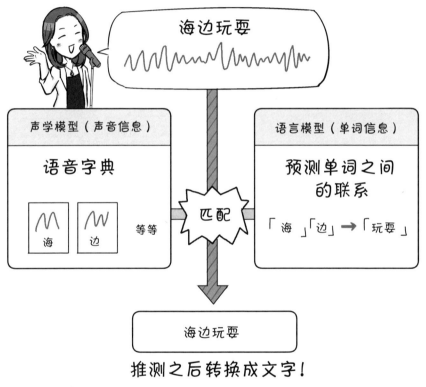

把"语音"转换成"文字"。

 看上图就能知道语音被分类总结了："声学模型"就好像有声音的单词书，而"语言模型"则可以预测单词之间的联系。

声学模型和语言模型

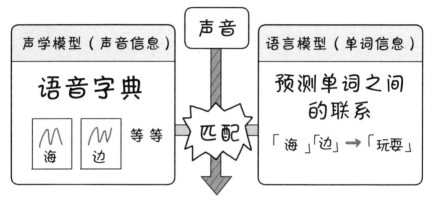

声音

声学模型（声音信息）

语音字典

海 边 等等

匹配

语言模型（单词信息）

预测单词之间的联系

「海」「边」→「玩耍」

 为了简单易懂，我把前面的图节选了一部分。接下来让我主要介绍一下"声学模型"和"语言模型"吧。

"声学模型"，指的是对识别的声音波形（用图片表示的空气振动）进行处理，将其分解成最小单位音素，先识别出每个音素的特征，即音素是"b、p、m"等声母，还是"a、o、e"等韵母，再输出为一个一个的字词。

普通的声学是基于数千人经过数千个小时的语音统计结果制作而成的。也就是说，这种模式是基于平均发音数据的语音辞典。"匹配"（matching）的过程一般使用"隐马尔可夫"（HMM）的理论。

匹配的过程以 10 到 20 毫秒为单位，从单词的首字母一直进行到最后。例如，在识别花（hua）这个字的时候，在识别第一个拼音"h"的瞬间，迅速将拼音 h 开头的字作为候选结果；接着，再在识别到第二个拼音"u"的时候，将"胡（hu）""花（hua）""欢（huan）"等字作为候选结果。最终，将最符合特征的单词输出，即识别。

但是，如果是字典中没有的单词，则会被当成不明单词从而无法识别。

"语言模型"则指的是正确高效地识别单词之间的语义联系。

当识别出第一个单词时，迅速预测下一个可能出现的单词。这与我们在电脑或者手机上进行拼音和汉字的关联预测有点类似。

> 例如，说到"海"这个字的时候，除了"海洋"，还有"海水""海浪""海岸""海底"等等，能够进行多种预测。

上述的两种语音识别模型一直都有难以解决的问题。即在进行单词预测的时候，声学模型和语言模型都是各管各的分开进行，这就带来了很大的局限性。

2011 年，在一个国际会议上发表了一项研究成果，根据结果显示口语的识别精确度已经大幅上升。在那之前，电话语音识别的错误率达到了 30% 左右，经过深度学习（第 3 章详细介绍）技术改进的声学模型的错误率已经降低到了 20% 以下。语音识别深度学习技术与我们在前文中介绍过的图像深度学习技术差不多在同一时期发布。

由此，计算机和智能手机开发企业之间的竞争加剧。在这之前，也仅仅是在声学角度应用深度学习技术进行语音识别，而现在，随着声学语言一体化技术的开发，机器和人的对话更加自然了。

> 在第 29 页中提到的"深度学习"一词总是频繁地出现呢。这个深度学习究竟是怎样引起了图像识别、语音识别技术的大革命呢？那么，这到底是怎么一回事呢？让我们一起期待第 3 章的学习吧。

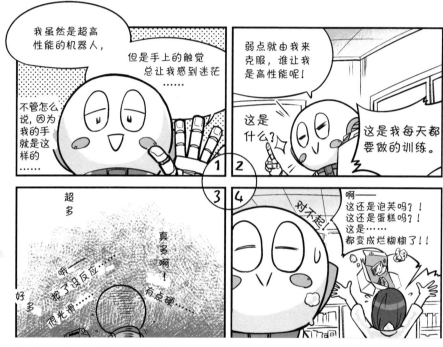

1 我虽然是超高性能的机器人，但是手上的触觉总让我感到迷茫……不管怎么说，因为我的手就是这样的……

2 弱点就由我来克服，谁让我是高性能呢！这是什么？ 这是我每天都要做的训练。

3 超多 真多啊 好多 啊—— 戳了没反应…… 很光滑…… 有点硬……

4 对不起！！ 啊——这还是泡芙吗？！这还是蛋糕吗？！这是……都变成烂糊糊了！！

搞砸了真对不起……因为我不能吃东西，不知道点心原来是这么软的东西……能够品尝这么细腻柔软的东西，人类的手指和舌头一定也很敏感吧。

嗯？为什么机器人在自言自语啊。先不管这个了，这一节我们要讲"不容易导入人工智能的东西"了。

啊，也就是我做不来的东西！触觉和味觉信息什么的……还有，有时不知道话里有话，不会察言观色……嗯，这些可能在不久的将来都会改善吧，真让人在意啊……

"意思"很难懂……

人类通过视觉和听觉，能够自然而然地理解看到的文字和听到的语音的"意思"。但是这种简单的事情对于人工智能来说是非常困难的。

我们前面说过，现在的人工智能能够通过网页和语音识别，轻而易举地获取庞大的语言信息。即便是人们掌握了超人般的速读法，也无法比拟人工智能获得语言信息的能力。

但是人工智能从这些信息中获得"意思"却是非常困难的。这是因为语义是要结合"上下文（语境）"来看的，人工智能能够正确地获取语音和文字信息，但是却很难读懂其中所要表达的含义。

例如，在我们的日常会话中，常常会出现"最近说过的那件事情怎么样了"这样一句话。但是"最近"说的上次碰面是什么时候，"那件事"指的是哪件事。虽然单从表面的语言信息来看是无法理解的，但人类可以通过语境和与正在说话的那个人的关系知道是什么时候什么事情。

所谓的"猜猜我是谁"的诈骗电话，可以说只有那种在听到"是我啊，是我"这样的话之后，自顾自地设置语境，把打电话的人认定为自己亲人的人才会上当吧。

那么，我想在这里探讨一下人工智能在漫长的发展历史中，都是如何处理"意思"的。

什么是语义网络？

早期的人工智能研究中，比较有名的就是"语义网络"（Semantic Network）了。它表达了人类在理解记忆时的构造，其中的"概念"用结点表达。语义网络描述了结点之间的互相联结和结点之间的网络关系。

语义网络的产生源于一个实验报告。通过实验，人们观察到这样的现象：人们在听到"兔子"后，容易联想到"白色"而很难联想到"包"。

也就是说，单词和这个单词所要表达的意思并不是毫无章法地被我们记在脑中。两者是基于某种概念的联系或者意义上的相近才被我们记住的。当人们在使用和理解语言时，语义网络中的结点就会被激活。

例如，当我们听到"白色的兔子"时，表达"白色"和"兔子"的结点之间就被激活了。这个时候，和结点"白色"联结的"棉花"之类的软绵绵的东西，可能也被激活了。

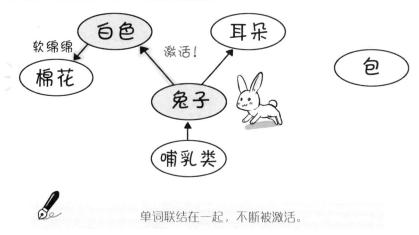

单词联结在一起，不断被激活。

这被称为"激活扩散模型"，在当时，对它的研究风靡一时。按照这个思路，第二次的人工智能热潮可以说是在单方面地将语言的意义和概念作为知识来进行相关描述的。

不理解"意思"也能够做出回答?

在第二次人工智能潮时，采取了由人类进行知识整理并阐述的方法。正如我们在第 43 页介绍的，20 世纪 90 年代中期搜索引擎问世之后，互联网迎来了前所未有的大繁荣。2000 年左右，随着网页的普及，大量的数据唾手可得。将语言数据导入到计算机中，让计算机自主地寻找概念与概念之间的关系的研究取得了一些成果。

这个问题在第 4 章中我们还会详细介绍。与研究描述概念关系领域的本体（Ontology）相似，让计算机读懂每个"意思"的概念是一项浩大的工程。

 人们在听到一个单词的时候，会一边理解它的意思、一边进行下一个单词的预测。这看起来是理所当然的行为，但要让计算机做这件事情并不简单……但是，计算机就算不理解单词的意思也能够答题。这究竟是怎么一回事呢，我们接下来就好好地讲一讲。

2011 年，IBM 的沃森（Watson）机器人登上美国答题节目 Jeopardy（危险边缘）的舞台，和往年的人类冠军同台竞技一举夺魁后声名大噪。

答题系统"沃森"获胜!

虽然沃森能够回答出各种各样的问题，但它并不是像人类那样先理解出问题的"意思"再作答，而是快速检索和问题本身可能有关联的关键词后再作答。在遵循一定的问题回答技巧之上，导入机器学习，让计算机掌握各种知识，提高了人工智能的作答效率。

因此，IBM 公司把沃森叫作"认知系统（Cognitive System）"或"认知计算机（Cognitive Computer）"，而不是人工智能。

Cognitive，即认知。对人类来说，"不理解问题的含义也能够做出回答"是很难完成的。但是对人工智能来说，理解文章的意思才是最难的。

在语境中读懂意思是很困难的，比如人们在碰到多义词的时候，也只能进行一些主观的猜测，而这对人工智能来说是很难处理的。

例如，当人们听到"妈妈在 xǐzǎo"，人们可能会联想为"妈妈在洗枣"，而我们说"小鸭子在 xǐzǎo"，人们就知道是"小鸭子在洗澡"。但计算机很难做到这样的推测判断。

如果这个对话发生在厨房里，人们就自然而然地认为是"妈妈在洗枣"。但这需要计算机去理解对话场所这个新的信息，难度又提升了。

什么是潜在语义分析？

为了让人工智能进行语义分析，自人工智能诞生以来，一直都采用统计学的方法。

单词具有多义性，即同一个单词能够表达多个含义。为了应对这一问题，就要进行"潜在语义分析"（Latent Semantic Analysis，LSA）的研究，它是统计学中处理自然语言的一种手段，我也时常接触。

这项技术的基础是在规模巨大的多次元空间里进行单词配置，然后将任意单词的语义距离用空间距离来描述。这个过程还是有些困难的。

两个语义关联度较强的单词在空间上的距离也会比较近。这个语义空间以大量的文章和书籍当中单词的出现频率和与其同时出现的单词的出现频率的分布统计为基础自动生成的。

在生成语义空间时，尽管会充分考虑同一个单词在严肃的报纸上的意思和在随意的日常对话中的意思有区别，但最终的思路还是遵循着"同时出现的次数越多，语义就越相近"的原则。人工智能无法像人类那样理解各个单词所蕴含的深层次的背景知识。

 ## 为什么 Torobo-kun 选择放弃

1980 年以后，人工智能从学派分离逐渐走向合并，为了探索人工智能发展的新局面，2011 年由日本国立情报学研究所主导的"机器人能够上东京大学吗"的项目正式启动。但最终，这个项目中名为 Torobo-kun 的机器人放弃了自己的东大梦想。

分析称，Torobo-kun 升入日本的 23 所国公立大学和 512 所私立大学的可能性在 80% 以上。东京大学的复试主要以论述题为主，在这种情形下，Torobo-kun 的理科数学成绩优秀，但是在日语等读懂文章、需要"深刻理解语言含义"的考试中则表现平平。

科目	得分	全国平均	偏差值[①]
英语（笔试）	95	92.9	50.5
英语（听力）	14	26.3	36.2
日语（现代文+古文）	96	96.8	49.7
数学ⅠA	70	54.4	57.8
数学ⅡB	59	46.5	55.5
世界史B	77	44.8	66.3
日本史B	52	47.3	52.9
物理	62	45.8	59.0
总分（满分950分）	525	437.8	57.1

理解文章的含义真的太难了……

Torobo-kun

① 译者注：偏差值是指相对平均值的偏差数值，在日本，偏差值被看作学习水平的正确反映，是评价学习能力的标准。

 Torobo-kun 的成绩：英语和日语好像很差……

但是近年来，谷歌的机器翻译能力已经迈上了一个新的台阶。在国际上，让人工智能读懂语言、理解"意思"的技术开发也竞相开展，让我们拭目以待人工智能未来的新发展吧。

 关于不容易导入人工智能的东西，我们刚才主要讲了文章含义。那么接下来我们换个话题，说一说"味觉、嗅觉、触觉"等五感。这些身体感觉对人工智能来说也很难做到哦。

如果要变聪明，需要五感齐备吗？

人类通过视觉、听觉、嗅觉、味觉、触觉来获取外界的信息，而人工智能只有视觉和听觉。

或许有人认为，人工智能不过是计算机罢了，不需要触觉、味觉和嗅觉，但人类却正是因为有了这些感觉，才表现得比人工智能更聪明。

如同我们在第 63 页中举的例子，在日常对话中，如果不能够理解语境，还有可能会变成我们说的"没眼力见儿"。

人们在一起谈笑风生时，我们能感受到一种"热烈"的氛围；走进房门，家中亲人或者朋友热烈相迎，我们会感受到"温暖"的气息。交流的过程中，如果感到气氛"诡异"，我们能够随机应变，注意措辞，再三斟酌地继续聊下去。

就好比我们想要让对方接受自己的建议，就要站在对方的角度进行劝说。在约会时使用香水会比言辞带来更好的效果。

人工智能的味觉是什么？

虽然我们在讨论人工智能的五感，但人工智能只不过是机器而已，或许我们没有必要考虑人工智能本身用"味觉"去获取信息。

人工智能拥有味觉最大的好处，或许就是能够计算出人类喜欢的味道是什么，这个味道该用什么食材去烹饪吧。

关于这一点，IBM公司的机器人厨师长沃森最具有代表性。它掌握了9000道以上人类名厨制作的菜单和每道菜的评价、原料等信息，将这些信息进行排列组合，推测出人类最有可能喜欢的菜品。但这不过是运用了它本身的语言信息处理能力。

这与用照相机来实现人类的视觉能力和用麦克风来实现人类的听觉能力有着本质上的区别。

 ## 人工智能的嗅觉是什么？

人工智能的"嗅觉"又是怎样的呢？

刚才我们举了一个使用香水的例子。当我们闻到某种香味的时候，或许会想起某个前任；闻到婴儿身上的气味的时候，想起自己孩子小时候的样子；闻到榻榻米的气味时会勾起我们某一段旅途中的回忆。

气味有一种能力，它能唤醒与之相关联的回忆。

由于作家普鲁斯特有一段关于这个现象的经典描述，所以这个现象又称为普鲁斯特现象。气味与记忆的这种密切联系，是"情景记忆"研究的一种，相关研究早在20世纪70年代就开始了。

如果将来人类与人工智能共生并处于同一个环境当中，那么气味信息也可能需要人类与人工智能共享。当前，人工智能获取并利用气味的主要方法是，通过遥感系统感应大气中的气味并进行识别。

不仅如此，将识别到的气味信息通过互联网远程发送、再现的研究也在进行中。这种技术称为嗅觉生成，在没有实物的情况下也能够气味再生。

 嗅觉显示器：身临其境感大增！

 这样的味觉体验看起来真有意思。人类闻到这种香味之后会感到肚子空空吧。

说得对。精神上的享受肯定是有的，此处还可以在医疗上使用哦，比如说测定嗅觉能力。

将来会怎么处理气味？

20 世纪 80 年代后期，伴随着"智能传感器"的问世，既能感知天然气泄漏，又能够识别气味的人工智能型传感器的开发也提上了日程。

比起视觉和听觉信息，尽管人工智能与嗅觉信息相关的研究起步较晚，但由于气味相关的产业规模可观，或许将来能够后来居上。

通过人的感觉评价品质特征的感觉检查，由于人的主观印象、身体状况、时间过长引起疲劳等各种因素，会导致检查结果出现偏差，而机器能够不知疲倦地一直工作。因此人们认为，人工智能在气味相关产业的应用有着很好的前景。

气味本身是好几种化学成分组成的混合物，通过一定的比例混合在一起。当人闻到气味时，经过大脑的判定后，得出"这是 ×× 的味道"的结果。

以 RGB（红绿蓝）三原色为基础，我们能够得到各种各样的颜色。但气味的受体就有近 400 种，组合起来比较困难，生成某种特定气味的过程也比较困难。

如今的多媒体技术，具有很高的视觉和听觉信息处理水平，但气味的处理技术落后不少。声音通过麦克风和扬声器途径进行输入和输出，图像、视频则通过摄像头和显示器进行输入和输出，但气味的再生装置在我们日常生活中比较少见。

不过人工智能对气味的组合计算和高速再现能力正在不断增强，然后再通过虚拟现实（VR）进行气味生成。不久的将来，气味的处理技术或许会在我们的生活中普及开来。

最近好像有能够体验"气味"的电影院呢。在未来，说不定在家用电脑、游戏机上也能闻到气味了！

人工智能的触觉是什么？

比起味觉和嗅觉，人们或许更希望安装了人工智能的设备与"智能"结合，拥有"触觉"。

实际上，在人工智能研究和机器人研究的交叉领域中，人形机器人（Android）研究领域非常重视触觉。在第 1 章中介绍的电影《机械姬》中，智能机器人不仅有味觉和嗅觉，还有着类似皮肤的部件。

渡边淳司 2014 年出版的著作中提及"触知性"一词，即"触觉是产生信息的知觉"。

触觉不仅能够把握环境中的物体性质，还能对大脑中的神经纤维产生物理作用，对我们的积极情绪和消极情绪产生直接影响。在触摸与被触摸的过程中，我们能够感知对象的性质。由于触摸，双方还能够产生某种强烈的感情。

由于触觉，人们会产生"滑溜溜的好舒服""黏糊糊的好恶心"等感觉。所以，无论是在与人的触觉相关的产品开发中还是在与人接触的机器人产品开发中，触觉都受到了格外的重视。

人工智能难以做到一些语义的理解或许与没有触觉有关。

虽然人类也想让人工智能通过触觉来获取信息,但是触觉传感器比视觉和听觉传感器的研究起步晚。摄像头和麦克风使人工智能具备了视觉和听觉,但有关触觉的研究目前仍处于检测阶段。接下来我们讲讲在工程学上实现触觉的难点。

实现触觉真的很难!

人类的视觉、听觉、味觉、嗅觉器官分别是眼、耳、口、鼻,但触觉器官却遍布全身。

如果要感知会议室中的热气和户外凉飕飕的空气,又或者是要体会场合气氛,就需要装有各种各样的检测元件,要柔软又轻薄,还要能在相当的一片区域内覆盖的各种形状的电路。

视觉和听觉信息不用直接接触就能传达,但触觉却需要与物体接触,所以还需要触觉传感器的表面能够拉伸和收缩,并具有一定的耐磨性。

要和人类的皮肤一样耐用!

想要触摸后产生感觉,就需要各种各样的传感器。

无论是摸与被摸,肉体都会变形。

从头到脚全身都有触觉!

为了获得和人类一样的触觉信息。

人类的视觉和听觉信息是被动接收的，而触觉却需要手和手指去探索、抚摸。如果人工智能想要完成这些动作，就需要能够掌握振动、热、接触面积等的多方面传感器。比起视觉和听觉，人类的触觉主要靠接触时肉体的变形来完成，根据每个人的皮肤状态不同还会产生个体差异，可以说是十分复杂。

关于触觉研究的难点，我本人也正在进行将物理世界和人类的知觉感性联系起来的研究。例如，人类在触摸到一些物体时，会用"干巴巴""麻麻赖赖"等拟声拟态词描述物体的性质。

将触觉的感受用语言来表达，那么人工智能也能间接地拥有触觉。将语言和触觉联系起来，或许还能够推动人工智能的信息处理研究。

这样一来，人工智能就能够获得人类用触觉感知到的信息。或许还能将人工智能与超级计算机结合，通过智能机器人与外界进行沟通交流。

哈哈！我确实对自己的触觉没什么信心。但是如果有一天，我能够明白脸蛋"吹弹可破"是什么感觉，也会是很有趣的一件事情吧。即便不能亲身体验，我也好想理解这个信息呢。

嗯嗯。当那一天到来的时候，人工智能就会越来越聪明。如果你能获得触觉信息，想要做些什么事情呢？

嗯……首先要闻闻花花草草的味道，还要亲手撸只猫。如果能够理解人类的这些心情和语言的意义，我也会感到幸福的吧。

第 **3** 章

人工智能是
怎样从信息中学习的?

第 3 章我们终于要讲"机器学习"和"深度学习"啦。
人工智能是如何通过学习变聪明的呢?它的"学习方法"
我可是十分了解的哦!这一章虽然难度较大,但涵盖的
都是关于人工智能最最重要的内容哦。因此,快跟我一
起仔细认真地学习吧!

什么是机器学习？

到午饭时间了，我去食堂啦。

①

食堂？你去那儿干什么？你明明不需要吃饭的嘛……

②

③

这次的目标是哪位同学……从那位同学的性别、体型、表情还有今天的气温来推测……

好热

④

生姜烧套餐！

请给我一份生姜烧套餐。

难道是在玩猜人家点了什么的游戏吗？！

 啊，原来是在猜人家点了什么啊。顺便问一下，你是怎样猜中菜单的呢？

这个嘛，刚开始就是每天观察学生。但是后来我突然有了一些新发现，比如苗条的女同学喜欢吃沙拉，男同学喜欢吃肉等等。之后我便更加仔细地观察，然后就有了今天超高的命中率，成了一个具有超强预知能力的超能力机器人啦。

 原来是这样，真的很厉害呢。也就是说你是通过分析过去的数据，找出他们点菜的喜好倾向，然后预测出他们会点什么菜。所以，机器设备（计算机）是可以通过学习，应对新事物并且预测未来的呀。

让机器设备（计算机）也能够学习！

人类为了变聪明,需要学习各种各样的东西。所以在进入学校以前,孩子们就已经开始了学习。

比如,有一天母亲在散步时遇到了一只小猫,就对孩子说:"这儿有只小猫。"这样,孩子便知道了猫这种生物。下次遇到不同的猫时,母亲还会告诉孩子那也是猫。

在这个过程中,即使孩子遇到了之前不认识的猫,也能够知道,"啊,那是猫！"也就是说,孩子学习到了猫的特征。进入学校以后,即使被传授了很多知识,自己也必须要学会"这个问题应该按照这样的顺序解决"的规则,不断掌握解决新问题的能力。

如果提前学习,也能学习到新的知识！

计算机想要变得更加智能的话,也需要学习。

我们需要让计算机能够自主地学习猫是什么、猫的特征有哪些等问题,掌握"解决问题时可遵循的规则",不断解决新的问题。

计算机能够自发地认识到不同品种的猫都是猫，能够假设各种不同情况，并且知道不同情况下该如何应对……为了使计算机能够像这样，在没有人为设定的程序下也能够自动完成工作，就必须要让计算机学习事物的特征和规则，这就是"机器学习"。

> 让机器设备（计算机）学习，也就是所谓的"机器学习"呀。正如之前所说的让孩子学习猫的知识那样，要让计算机学习各种各样的东西，它才能变得越来越聪明。那就让我们多多地学习吧。

机器学习大致分为"监督学习""无监督学习"和"强化学习"。接下来我将逐一介绍。

 ## 什么是监督学习?

监督学习是指，将数据和正确答案的组合导入计算机内，令其学习特征和规则的方法。

在"监督学习"中，必须要有数据和正确答案的组合!

首先，必须要有数据，要准备好各式各样的图像数据。

比如要让计算机认识文字，就必须要准备好几千至几十万的文字数据。

然后，对于各种各样的图像数据，要准备好相对应的正确答案，要贴上"这是 ××"的正确答案标签。

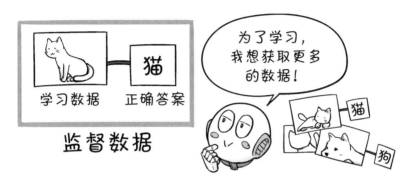

像这样的"学习数据和正确答案的组合"，也可以称作"监督数据""监督学习方案""监督学习器"。

监督学习就是从众多的组合当中发现共同的特征，进而发现"具备这样特征的图像就是 ××"这一规则。

想让计算机认识文字和图像，就让它学习图像；想让计算机识别声音，就教它学习声音。通过这种方式，不断将数据输入计算机中，它就可以学到所有东西。正如第 2 章所说，虽然让计算机学习的数据有易有难，但不管是什么，它都能够消化。

上面说我"可以学习任何东西"，这真是太令我高兴了。如果让我"看到"更多猫的图片的话，我就可以知道"这是猫"了（了解猫的特征）。但我好像也能够学习些更难的知识，比如"这是暹罗猫""这是波斯猫"等猫的种类哦。

的确是这样的没错！一想到"要让计算机学些什么呢"，我就有了更多的想法。计算机好像可以发挥很多作用呢！

分类问题：判断垃圾邮件

　　监督学习大致可以分为分类问题和回归问题。

　　分类问题的最经典例子就是判断垃圾邮件。"如果使用了这个单词，-0.25 分。如果有这个单词，+0.53 分……"按照这样的规则进行打分，总分在 0 分以上就会被认定是垃圾邮件。

人们在看邮件时，会在心里进行"奇怪、不奇怪"这样的判断。在邮件中看到一些莫名其妙的单词时，我们的内心会感到奇怪。看到快速赚钱以及特殊的单词时，也会在心里给予"可疑"的负面评价。对于工作以及朋友发来的罗列着普通词汇的邮件，会在心里给予"安全"的正面评价。为了让计算机也能够拥有和人一样的判断，就必须要借助分数这样的数值化形式。

　　顺便说一下，在机器学习中分数也叫作"权重"。对输入的数据进行权重相乘。

　　那么，要想给各个单词打分，我们究竟要怎样做才好呢？首先，要提前收集大量的普通邮件和垃圾邮件。然后，分析出不同的邮件都运用了哪些词汇，进行打分。监督学习的目的，就是能够以分数（权重）为依据，顺利地区分普通邮件和垃圾邮件。

　　"这是普通邮件，这是垃圾邮件……"，人类像这样不断地"教授"计算机（输入数据和正确答案），最终使它能够通过分数（权重）准确地进行邮件分类。

　　如果分数确定了，那么即使每次没有人再继续"教授"，计算机也能够按照上述规则快速地分好邮件类别。

垃圾邮件　- 0.35分

【改变人生】
我的钱将作为遗产
留给你……

普通邮件　+ 0.25分

承蒙您的关照。关于
前几日商量的那件
事，有些地方想要确
认一下……

……

垃圾邮件　- 0.65分

通过神奇的商业活
动，我从天天靠借
钱生活的穷光蛋变
成了亿万富翁……

学习

惊！您的银行账
户多出数亿元！

新
邮件

这和我所
学习到的垃圾
邮件很像，
所以是
垃圾邮件！

 通过监督学习，计算机学会了判断垃圾邮件！

通过学习"这是猫，这不是猫"，AI 成了能够识别猫的 AI。
通过学习"这是 a，这是 i"，AI 成了能够识别语音的 AI。

嗯嗯，我已经充分理解了分类问题。这下子我也是受欢迎
的机器人了。通过神奇的商业活动，我的账户多出了上亿
元……哈！垃圾邮件读多了，对我也产生了奇怪的影响呢！

回归问题：预测数值

分类问题，是对问题进行分类，例如"是普通邮件还是垃圾邮件""输入的图像是狗还是猫"等问题。

而"回归"指的是能够得出具体数值。

举例来说，想要对大头照进行"美"或"不美"的分类，希望对美的程度能够用 −0.5 还是 +3 这样的数值推算时，使用回归就可以得到实际的数值了。

运用在天气上也是如此。如果是"想要预测一下是晴天阴天还是下雨"，就是分类问题；但如果是"想要预测一下明天的气温是多少摄氏度"，就成了回归问题。有时回归也应用在股价上，例如"股票上涨的概率有多大"这样需要得出数值的问题。

回归=从具体的数值中得出结论！

回归问题是从多组数据中得出一条线，这是一条能够很好地解释数据的线。

很好地说明数据的线……这到底是什么意思啊？我想仔细地听一听解释。

寻找合适的线（函数）！

接下来，让我们来思考一下回归问题。首先，请回忆一下中学学过的"一次函数"。

POINT

- 函数是指，当一个数值（变量 x ）确定时，另一个数值（变量 y ）也能够确定的对应关系。
- 函数图像表现为 x 和 y 的对应关系。
- 例如下图的一次函数，对应图像呈直线。

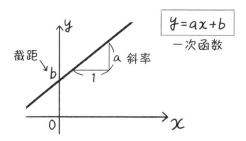

$$y = ax + b$$
一次函数

- a 是斜率，b 是截距。调整 a 和 b 的数值，直线图的倾斜度和位置会发生变化。
- a 和 b 都是辅助变量，称作参数。

我们就拿回归问题经常举的例子——天气来思考一下吧。

我们获得了气象局提供的日降水量、温度、湿度、气压、风向等气象数据，把数千天的数据作为一组学习数据交给计算机。

通过这组数据，就可以创建预测第二天降水量的回归式。

一提到回归式，可能会给人以很难的感觉，但其实这就是我们在中学已经学习过的线性式（一次函数）。预测回归式，就是利用温度、湿度、气压、风向等变量值，来预测降水量这一变量值的一次函数。

单变量线性回归是指从其他变量值的线性式中预测并说明单个变量值。其表现形式为如下解析式。

$$y = a_1 x + e$$

但像天气预报这样利用多个变量进行推测的情况，就会变成下图所示的多变量线性回归式。

$$y = \underline{a_1 x_1} + \underline{a_2 x_2} + \cdots + a_n x_n + e$$

降水量　　温度　　　湿度　　　…

嗯嗯。预测"降水量"时，如果相关数据只有温度的话，预测的结果就不会很准确。因为两者之间并不是"温度越高，降水量越大"这样简单的关系。但如果将"温度、湿度、气压、风向"等数据组合起来，便能够进行更准确的预测。

在这个解析式中，想要准确地预测实际的降水量，就需要一边调整系数 a 的数值（温度、湿度等各种变量的权重，也就是对降水量的影响程度），一边寻找答案。

"温度、湿度、气压、风向"等要素都是如何对"降水量"产生影响的呢？比如，大家可能会认为"湿度越高，降水量越大""风向对降水量没什么影响"等等。调整 a_1、a_2、a_3……的数值，就能将其各自的影响程度编入解析式。为了得到实际的"降水量"，我们赶快加油建立适当的解析式吧！

如果只是想象"调整 a 的数值"可能有些困难，那么就让我们通过图像来加深一下理解吧。下面这个图就是一次函数。

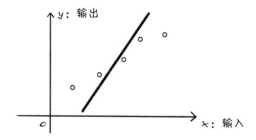

上图中，超出直线范围的数据有点多呢。

在这个解析式（直线）中，实际的降水量（数据）并没有很好地表现出来。因此，为了使数据都能够出现在直线上，让我们来调整一下直线的斜率。

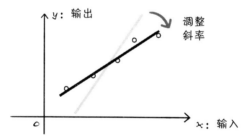

这样一来，直线和数据就能更好地结合在一起了。像这样自动找寻函数关系的过程，就是机器学习。移动设定函数的多个参数（如权重 a_1、a_2……，截距 e，等），并从中找出与降水量最密切相关的数据，再将所有的数据都用一个函数来表现，就能根据多个主要因素精确地推算出确定的降水量。

也就是说，线条是公式，即函数。找到与实际数据最一致的函数（创建公式），就能够得到关于数据的规律性和真理。通过使用函数，就可以渐渐地预测未来了！

当心过度学习！

　　监督学习中，有一个很重要的问题，就是"怎样提高泛化能力★"。

　　在监督学习中，经常发生这样的情况：对于人类事先准备好的学习数据（训练数据），计算机能够轻松地应对，但一遇到实际中的未知数据（测试数据），就不知道该如何应对了。

　　如果计算机陷入了"只要学习数据能得出正确答案就行了吧！"这种状态，就可以称为"过度学习"，又叫"过拟合"。就像是不去考虑其含义，只是被迫过度学习的孩子一样。

　　跳过这个问题，我们想制作的学习器，是既能够为提前准备好的学习数据提供正确答案（解决之前的问题），同时，在遇到新的数据时，也能够完美地得出正确答案（在正式考试中也能得分）的学习器。

　　参数越多且有多种要素表现的模型★越容易陷入过度学习，所以不要贪多，一定要限定参数。

 泛化能力：应对未知信息的能力，也就是一般化、普遍化的能力。
　　模型：对于某种现象，能够通过公式来表现其与各种要素之间的相互关系。

或者说，当模型中的参数出现极大值时，输入的数据只要稍微有所变动，得出的结果就会发生变化，因此参数离 0 越远，就越会受到惩罚。通过这样的方法也可以避免过度学习。

也就是说主要元素太多的话，参数值就会变成极值，这是不好的。以之前提到过的降水量为例，"温度、湿度、气压、风向"等要素就有十个，如果只有温度这一参数值明显增大，就很容易陷入过度学习。

嗯嗯，看样子你已经充分理解了。说了这么多，关于"监督学习"我们就先讲到这里吧。接下来我们讲讲"无监督学习"，又称"无教师学习"。

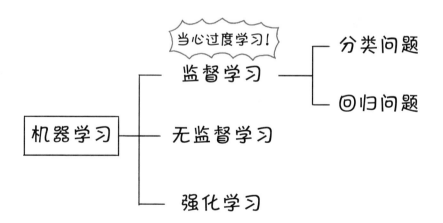

无教师……难道是说没有坂本老师了吗? 这到底是什么样的学习方法呀?

什么是无监督学习?

以得出正确答案为目的的监督学习，是指通过输入数据和对应正确答案的方法来教授计算机。

但说起来，在生活中，人们也经常回答不出来正确答案究竟是什么。

所以在机器学习中，有一种方法是让计算机分析不知道正确答案的数据，令其发现其中的特征和规律，这种方法就是"无监督学习"。

在"无监督学习"中，没有必要输入数据和对应的正确答案，只需要将数据原封不动地输入进去，计算机就可以对数据进行分类。

也就是说，与其为如何将答案正确地分好类而感到苦恼，还不如让计算机自己去思考"分类的方法"。

在无监督学习中，不需要与数据对应的正确答案！

　　例如，企业将顾客按不同类型进行分类的时候，就会使用无监督学习。企业不会一开始就给顾客贴上像是正确或不正确这样的标签，即使他们手中掌握着顾客问卷调查和顾客网上购物的购买清单等信息，想要自发地把握住顾客的购买倾向还是很困难的。

　　因此，要利用无监督学习，让计算机对顾客进行分类。这样一来，就可以给不同类型的顾客"推荐"适合他们的商品了。

　　这样一来，在购物网站上，我们就会看到"给您推荐这款商品！"的提示，可以了解到更多适合自己的商品了呢！

　　在"监督学习"中，我们举了邮件分类的例子。在监督学习的情况下，我们可以让计算机提前学习分好类的邮件，例如，"这是普通邮件""这是垃圾邮件""这是……"等等，计算机就能分辨出新的邮件到底是普通邮件还是垃圾邮件了。

　　但邮件其实也是分很多种的，"垃圾邮件""工作邮件""来自朋友的邮件""来自老师的邮件""新闻等信息邮件""商品介绍邮件"等等，我们能够想到的分类方法就有很多很多。

　　那么，到底可以有多少种分类方法呢？把这项任务交给计算机，或许我们会发现更好的分类方法。

试着分组吧!

像这样给没有正确答案的数据分类的方法，我想给大家介绍其中最具代表性的方法，那就是"聚类"。

所谓聚类，是将所得数据中的相似数据总结在一起的方法。下方所展示的图就是聚类中的经典例子。

聚类（分类）对象的数据。

这是一个一个的数据，这些数据存在着多种属性。

从视觉上看，这个例子很容易理解，只需要随便扫一眼，就能够知道有颜色和形状这两种属性。但如果将这些图形进行聚类，也就是分组的话，就无法确定到底哪一种分类方式才是最正确的。如下页图所示，我们能想到各种各样的分类方法。

A 图是按照形状分成了三组，而 B 图是按照颜色分成了三组。

除此之外，其实还有很多分类方式。C 图是按照有没有圆形来分类的，D 图是按照是否是扑克中的符号来分类的。没有正确不正确的硬性规定，所以不管是哪一种分类方法都是可行的。

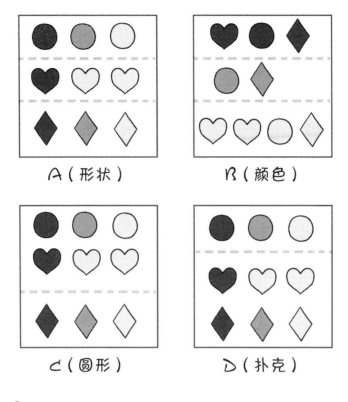

可以想到很多种分类方法，什么样的都有！

　　像这样，聚类的目的就是将那些没有正确答案的数据，通过一定的法则使其看起来更容易让人理解，并且能够回答人们"从中发现了什么？如何解释？"的问题。

　　因为我们可以想出各种各样的分类方法，所以在进行聚类时，要设定一个前提。

　　比如，如果设定的前提条件为"不论哪一组都要包含相同数量的图形"，那么计算机就会告诉我们："A 图的分类方法是最为妥当的"。

k-means 分类方法

k-means 作为聚类的代表性方法，广泛应用在各个领域当中。

k-means 的前提是，任意一组都要包含相同个数的数据。因此在这个条件之下，如果分析的数据与 k-means 的前提不符合，那么就可能得出很匪夷所思的结果。

此外，分几组必须由人类来提前确定。所以，如果人类决定要分 4 组，那么就一定会被强行分成 4 组。

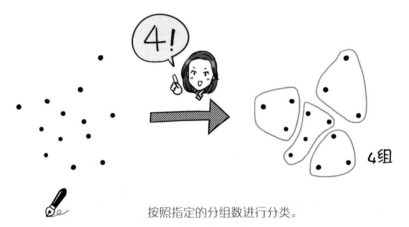

按照指定的分组数进行分类。

比如要将 47 个都道府县❶分成两组的话，平均一组的个数是 23 个。分成四组的话，就是一组 12 个。

是这样的。但因为是强制分组，可能会出现一些让人难以理解的地方。顺便说一下，k-means 中 k 指的是"指定分类的组数为 k 个"。

❶ 译者注：都道府县是日本的行政划分，分别为一都（东京都）、一道（北海道）、二府（大阪府、京都府）和 43 县。

强化学习是"蜜糖"与"鞭子"

人总是在失败和成功的反复试错与摸索中,学会如何更好地前进。

同样地,也有一种方法能够让计算机不断从反复的失败和成功中完成学习,这种方法就是"强化学习"。"强化学习"指的就是"熟能生巧"的学习方法,可以说它和"无监督学习"是很相似的。

人在失败的时候会被责骂,会有损失。与此相对,成功的时候会受到赞扬,甚至还有可能会获得金钱。所以大家都抱着"想要成功"的想法去学习。

因此,将计算机的目标设定为获得更高的得分,在反复试错的过程中,失败了就施以惩罚,成功了就给分。通过这样的方式,使计算机不断朝着目标迈进。

例如,利用老鼠和猴子进行动物实验的时候,在它们进行某一行为(拉动拉杆)时,采取给予奖励(投喂饲料)或施以惩罚(通电流)的方法来促进它们学习。

刚开始动物会自由活动,但在某个契机下,当它们了解到一旦做了某个行为会受到惩罚时,之后就不会再做出那种行为了。当它们意识到,做了某个行为会得到奖励时,就会开始思考究竟怎样做才能收到奖励呢?这样反复摸索的结果,就是它们意识到了规则,也就是进行了学习。

这种方法应用在计算机上，就是"强化学习"。计算机会按照以下的流程学习。

① 刚开始不知道怎么做才好，所以随意活动。

② 在某个场合下获得了奖励（加分），于是便会记下来何时、做了什么能获得奖励，也就是记下行为和奖励的对应关系。相反，在某个场合下受到惩罚（减分），会记下何时（什么样的条件下），做了什么会受到惩罚，也就是记下行为和惩罚的对应关系。

③ 接下来，一边仍然随意活动，一边以之前的记忆为基础，尝试进行能够获得奖励的行为。

④ 尝试进行了能够获得奖励的行为，如果能够获得预想的奖励，便记下何时（什么样的条件下），做了什么便能获得奖励，也就是记住这一行为与奖励的对应关系。总而言之，就是进一步强化行为与奖励这一对组合的关系。

通过不断重复上述流程，计算机会变得越来越智能。这是一个十分具有动物性的学习方法。

事实上，人们普遍认为，动物是在大脑基底核中不断进行强化学习的。

什么是神经网络？

1. 人类学生好像在"预习、复习"呢。

2. 为了能够学习人工智能，我也要预习关于人脑的知识！

3. 神经元（Neuron）

4. 人脑中有寄生虫……太可怕了……

喂？

好可怕！

哎呀，你好像搞错了。神经元确实有着奇怪的形态，但那不是寄生虫！那是大脑的神经细胞哦。

原来是这样啊。哎呀，真是太丢人了。在"人工智能"的学习中，我预习了关于大脑的知识，但这个神经元（大脑的神经细胞）和人工智能有关系吗？

当然有关系啦。接下来要讲的"神经网络"，就是用计算机来模拟人脑的构造。神经网络指的就是"神经的线路网"。

大脑依靠神经元运作

关于人脑的构造，目前学界仍未给出清楚的解释。但我们至少可以了解到，大脑本身不仅拥有超强的记忆力、计算能力和认知能力，还有超过 300 亿个数量庞大的神经元（脑神经细胞），通过各种各样的形式结合在一起，传递和处理信息，从而完成记忆、计算、思考、认知等行为。

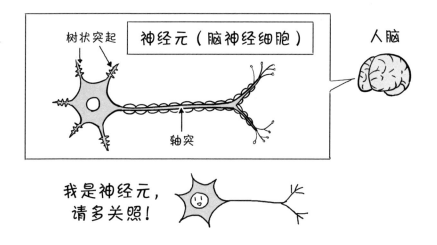

虽然在很久之前，脑神经科学的研究便在全球范围内盛行了，但想要完全解开人脑的全貌，未来还有很长的路要走。考虑到这一点，我觉得人工智能研究是一项非常了不起的研究，因为这项研究是要让计算机拥有智力（大脑活动衍生出来的精神能力）。

说到这里，让我们来一起了解一下计算机模拟人脑的构造——"神经网络（Neural Network）"吧。

 为了模拟大脑的构造，我们必须要知道神经元的构造。接下来我们就来讲一讲脑神经。脑神经相关的所有信息都和 AI 这一话题紧密相连哦！

　　计算机模仿的人脑构造就是"神经网络"。大脑就是一个巨大的神经网络，由超过 300 亿个数量庞大的神经元构成。

　　神经元的作用是处理信息和给其他的神经元传递信息，也就是输入和输出。神经元之间的信息传递是通过神经传导物质——突触的结合来完成的。神经元还负责处理与智力相关的事务。

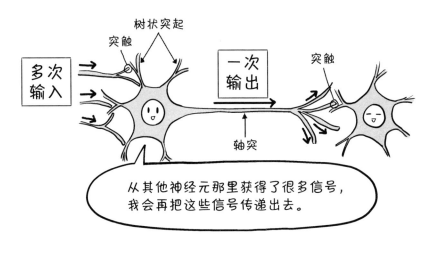

在神经元中，正在进行信号（信息）的输入和输出！

"突触"就是连接神经元与神经元之间的接触部分。神经元之间虽然有各种各样的结合方式，但它们不仅仅只是物质之间的结合，还会在突触中通过电力信号（信息）的交换来完成结合。

　　从很早之前，人们就普遍认为，如果能够制造出像这样模拟人脑的构造，就能够制造出和人脑一样的计算机程序。

人工神经元的构造

1943年，沃伦·麦卡洛克 (Warren McCulloch，1898～1969) 和沃尔特·皮茨 (Walter Pitts，1923～1969) 提出：一个神经元从其他神经元那里接收信号，会产生与其接收的信息量相对应的兴奋和抑制两种性能，即"人工神经元"的数学结构。

人类的大脑是由神经元组合而成的，因此人工神经元的研究就是为了在计算机上再现这一结构。人工神经元出现之后，越来越多的人不断尝试将人工制造的神经元进行各种组合，使计算机程序变得更加智能。现在人们所津津乐道的深度学习，就是在发明了人工神经元之后才出现的。因此，第3章的内容也是在回顾深度学习发明之前的历史。那么，还是让我们先仔细地了解一下"人工神经元"吧。

正如上一节的图所示，动物神经元（神经细胞）的信号传递是由多个树状突起输入，一个轴突输出的。通常，单个突触短暂的激发不足以使一个神经元发放冲动，但如果在短时间内有大量的强力刺激，那么就会有信号通过轴突传递给其他神经元，这称为"点火"。

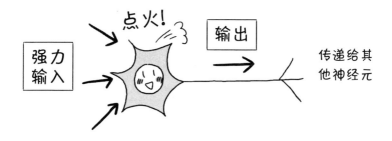

 单个突触短暂的激发不足以使一个神经元开始兴奋。但如果是强力刺激的话，就会促使神经元点火（兴奋），将信息输出给其他神经元。总之，刺激力度的大小，会决定神经元是否兴奋。而人工神经元就是在模拟这一现象。

　　实际上，动物的神经元会更加复杂，但麦卡洛克和皮茨先搁置了细微的部分，人工地制作出了简单的神经元，这就是"人工神经元"的由来。由于这是世界上第一个人工神经元，因此也特别称其为"形式神经元"。

　　请看下图，人工神经元（形式神经元）像真正的神经元一样，有多点输入和单点输出。输入的是 1 或 0，输出的也是 1 或 0。动物的神经元是电信号量，为了在计算机上实现这一构造，输入输出的数值也是 1 或 0。

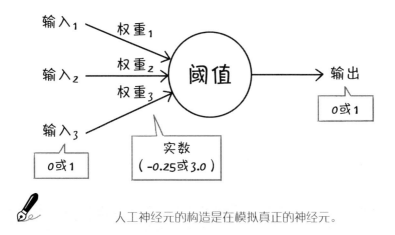

人工神经元的构造是在模拟真正的神经元。

　　在人工神经元中，从输入到输出的处理，其实就是一个个输入值被赋予"权重"。由于权重不一定是 1 或 0 这样特定的数值，而是实数，所以我们可以自由设定权重是 –0.5 还是 3.6。设定好权重后，将输入的信息乘以权重，然后再全部加起来，得出最后的数字。如果这个数字超过了一定的数值，则输出为 1；如果没有超过一定的数值，则输出为 0。就是这样一个简单的构造。

　　所谓一定的数值，是指能传递给各个神经元的"阈值"。

信号总量 ≥ 阈值 → 兴奋
信号总量 < 阈值 → 抑制

　　根据这样的构造，设定神经元的数值。

可以说，将这样简单的人工神经元组合在一起，调整好权重，我们就能够在计算机上完成所有的信息处理。将这样的人工神经元组合起来，就是神经网络了。

 ## 代表了重要度和信赖度的权重

在神经网络中，我们经常提到"权重"，那么"权重"代表着什么呢？简单来说，我们可以把"权重"理解为"重要度"和"信赖度"。清水亮在他的著作中，通过一个小故事，以比喻的手法为我们通俗易懂地介绍了权重的概念。

假设小 A 和小 B 是好朋友。小 A 说某部电影"很有趣"，小 B 说这部电影"很无聊"。听了他们的评价后，小 C 也看了这部电影，看完后也觉得这部电影很无聊。因此，从小 C 的角度来看，小 A 的"信赖度（权重）"就会有所下降。下一次，即使小 A 说"这本漫画很有趣"，小 C 也不会再相信小 A 说的话了。

但如果小 B 也说"这本漫画很有趣"，那么小 C 会认为，既然小 B 和小 A 都说有趣，那可能是真的很有趣。小 C 在读完漫画之后，如果确实觉得很有趣的话，他就会兴高采烈地告诉别人这个消息。这时候，神经元就处于"激活"状态。

小 C 有着连接小 A 和小 B 的权重。将两者的权重整合在一起，当信息信赖度达到一定程度以上时，神经元就会被激活。

赫布定律

即使是借助人工神经元这样简单的事物，都有可能做出了不起的事情。所以在迎接第一次人工智能热潮时，弗兰克·罗森布拉特（Frank Rosenblatt，1928～1971）在 1958 年有了"感知机"的构思，他将"人工神经元"与心理学家唐纳德·赫布（Donald Hebb，1904～1985）于 1949 年发表的赫布定律构思结合在了一起。

赫布定律的含义是："突触前后的神经元在同一时间被激发时，突触间的联系会加强"。

动物的神经元（神经细胞）可以被细分为多种功能。例如，只对红色兴奋的细胞，只对圆形兴奋的细胞，只对酸性气味兴奋的细胞等能够设想出的各式各样的细胞。

比如我们在吃梅干的时候，对红色兴奋的细胞和对圆形兴奋的细胞会同时兴奋，而对白色兴奋的细胞、对三角形兴奋的细胞、对甜味兴奋的细胞等与之没有关系的细胞全都不会兴奋。这时，同时兴奋的细胞之间的联系就会加强，兴奋的细胞和未兴奋的细胞之间的联系就会减弱。这就是赫布定律。

事实上，只要看到梅干红色圆形的外表，即使不吃，人们也会感到酸。这正是因为与梅干的颜色、形态相关联的细胞和与酸味相关联的细胞之间的联系加强了。

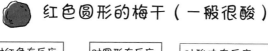

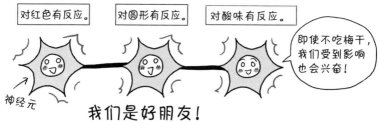

什么是感知机?

利用赫布定律,将神经元的结合转变成数理模型的就是"感知机"。感知机是将人工神经元(形式神经元)排列成两层联系在一起的构造。

此外,虽然在人工神经元中只使用了数值0或1,但在感知机中可以使用实数。最重要的一点是,通过调整结合的强度(权重),感知机渐渐学会了监督学习。

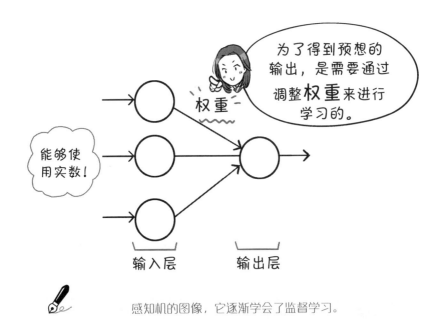

感知机的图像,它逐渐学会了监督学习。

虽然我们能够人工地再现和神经细胞相同的运行机制,并且这一进展也令人们的期待愈发高涨,但第一次人工智能热潮还是戛然而止了。

即便大家都期待人工智能能够不断进化,但人工智能之父马文·明斯基(Marvin Minsky,1927 ~ 2016)却指出了在感知机中无法解决的问题。

线性不可分！

有哪些问题是感知机无法解决的呢？

比如，线性不可分问题。也就是说，它不能够处理一条线无法分割的数据。

例如，在横轴是体重、纵轴是身高的坐标图中，有 10 万人的数据。将这些数据大致按照 10 岁以下和 10 岁以上进行年龄的分类，一条线基本就可以将其分开。

但如果按照收入进行分类的话，由于身高体重和收入没有相关性，因此就不能用一条线来将其分开。

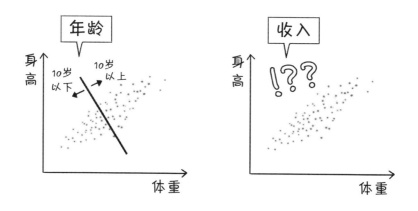

我们知道，在双层感知机中，只能学习可以被分割的数据。

由于人们的期待过高，人工智能的热度反而降低了。

 双层感知机总给人有些遗憾的感觉呢。不过没关系，之后还会有新的方法，也会解决更复杂的问题。我们的学习内容也渐渐变得有些复杂了，我会继续认真讲解的。

BP 算法（误差反向传播算法）

转眼间，时光已经到了 1986 年，距离感知机的首次登场已经过去了 30 年。在这一年，大卫·鲁姆哈特（David Rumelhart，1942 ~ 2011）和深度学习发明者杰弗里·辛顿（Geoffrey Hinton，1947 ~ ）一起发表了误差反向传播算法。

在第一次人工智能热潮结束的时候，在双层感知机中加入了"隐层（中间层）"，形成了三层构造。而在此之前，人们普遍认为这个问题是无法解决的。

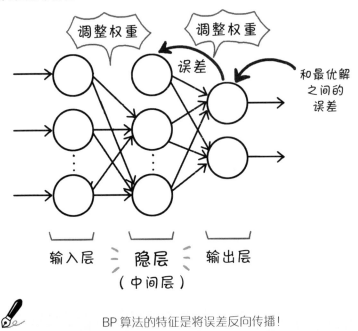

BP 算法的特征是将误差反向传播！

如果你问通过这个我们可以做些什么呢？我的回答是，在计算机没有得出正确答案或者是偏离期待数值时，BP 算法可以将误差从输出层反向传回，纠正各个神经元的错误，从而减少误差。

　　人类也有做错计算题的时候。做错时，人们会一边想"究竟是哪里做错了呢"，一边返回到解答过程中的算式里去寻找自己的计算错误，一旦发现了错误的地方，就会立刻修改，重写一次。BP 算法与这个过程十分相似。

因为将误差（错误）反向传播（广泛传播），所以才叫这个名字啊。上面说它也是先返回到解题过程中找出错误的原因，然后再进行修正的。

　　BP 算法的流程大致如下。

① 先将学习样本提供给神经网络。

② 将神经网络的输出值与样本的最优解（正确答案）进行比较，计算各输出神经元的误差。

③ 将输出值与样本的期待值（正确答案）进行比较，计算误差。

④ 根据隐层神经元的结果，计算各神经元连接权重的误差（局部误差）。

　　BP 算法就是通过上述顺序来调整权重的误差的。

　　通过这个方法，就可以解决双层感知机无法解决的非线性分离问题。

"调整权重"是怎么一回事呢？接下来，我们将以手写数字的识别为例，进行详细说明。

为了减小误差，调整权重！

通过抽象的流程说明来理解 BP 算法可能还是有些困难，那么就让我们以学习手写数字为例来进一步思考吧。

请看下一页的图。输入手写数字"7"的图像，如果将其错误地判定为"1"，连接"输入层"和"隐层（中间层）"的权重 W_1，与连接"隐层"和"输出层"的权重 W_2，这两个权重的数值就都会被不断调整，直至得出正确答案。

加权指的是连接神经元之间的线的粗细。

这条线的数量有很多。假如有 100 个隐层，MNIST 数据集中的手写数字是由 28×28=784 个像素点构成，所以权重 W_1 的线条数（784×100）加权重 W_2 的线条数（100×10），共计近 8 万个。

如图所示，以像素点为单位，784 个像素点被分割读取。所以，输入层有"784 个"神经元排列在一起，输出层有"10 个"神经元排列在一起。输出的就是"0 ~ 9"这 10 个数字的概率。顺便说一下，因为这次输入的是手写数字"7"，所以"7 的概率"是最大的，也就是正确的输出结果。

如果改变拥有如此庞大数量的加权，图像被占用的空间形态就会发生变化，有的占用形态会直接变成数字"7"。

我感觉，在 784 个像素点中，从不同角度看这些像素点，会给人不同的感觉。比如，想要区分"7"和"1"，最重要的是要捕捉到 7 的上半部分是一条横线这一特征。

　　在误差反向传播算法中，要计算一个数值的加权变大时误差是否会减小，加权变小时误差是否会变大。同时为了减小误差，还要不断对 8 万个参数进行细微的调整。这着实是一项令人头昏脑涨的工作呢。

　　当然，这个学习过程需要很长的时间，但当学习结束后，就可以熟练地运用加权了。即使输入的数据和平时练习时的不同，或者输入的是他人手写的数字，计算机也可以立即识别出这个数字。

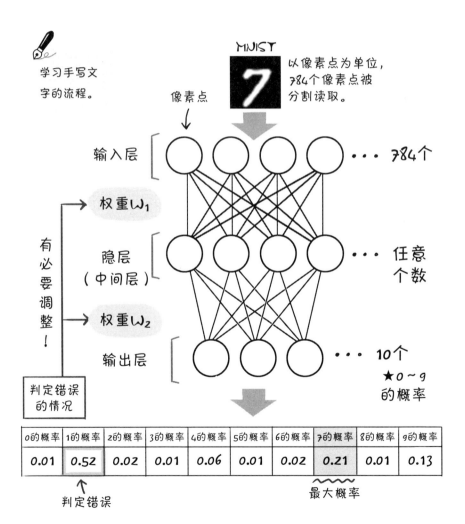

学习手写文字的流程。

MNIST

以像素点为单位，784个像素点被分割读取。

像素点

输入层 ⋯⋯ 784个

权重 W_1

有必要调整！

隐层（中间层）⋯⋯ 任意个数

权重 W_2

输出层 ⋯⋯ 10个 ★0～9 的概率

判定错误的情况

0的概率	1的概率	2的概率	3的概率	4的概率	5的概率	6的概率	7的概率	8的概率	9的概率
0.01	0.52	0.02	0.01	0.06	0.01	0.02	0.21	0.01	0.13

判定错误

最大概率

增加层数：信息传递不到！

在 3 层神经网络中，可以处理双层神经网络无法处理的信息。因此人们开始期待，如果增加到 4 层、5 层的话，可调整的自由度会升高，那么即使各层的神经元数量减少了，神经网络也能够具备更高的准确度。

但是，实际上，4 层以上的 BP 算法的学习就无法推进了。在误差反向传播算法中，层数越多，误差反向传播就越无法传播下去，即使顺利调整了最后一层得出结果，也无法将误差的信息传递至离输入层较近的那一层。因此增加层数就失去了意义。虽然人们费尽心思地推进各层的学习，也有了少许的研究成果，但这件事实在是太困难了，因此这个方法也渐渐地不受欢迎了。

自此，第二次人工智能热潮也结束了。这次人工智能热潮的目标是通过神经网络制造出再现人脑构造的人工智能。而支持向量机等与神经网络截然不同的方法开始应用于机器学习。尽管之后随着深度学习的登场，人们对支持向量机的关注度有所降低，但这个方法依然有着很高的人气。

支持向量机的优点是什么？

支持向量机（Support Vector Machine, SVM），是 AT&T 贝尔实验室的弗拉基米尔·万普尼克（Vladimir Vapnik, 1936 ~）于 1995 年左右发表的用于模型识别的监督机器学习算法。

在间隔最大化的构思下，支持向量机不仅泛化能力高，而且拥有十分优秀的模型识别能力。

模型识别是指对输入的数据进行"分离"。顺便说一下，像认识图像和认识文字这样，从繁杂的数据中区分并认识有价值的对象，称为模型识别。为了认识就必须要进行识别，所以两者意思有相近的地方。

　　凭借着魔法般巧妙的核方法，即使是感知机中提到的线性不可分问题，也可以使用支持向量机这个方法解决。因此，支持向量机的应用范围不断扩大，经常在研究中使用。

　　然而，虽然支持向量机很擅长将数据分为两组，但它并不适用于多级数据的分类。因此它也存在计算量大、没有函数选择基准等问题。与误差反向传播算法相比，支持向量机也称不上优秀的方法，只是性质稍有不同。

　　什么是间隔最大化呢？接下来让我们简单地说明一下。

　　在误差反向传播算法等方法中，稍微调整、改变神经网络的状态，在正确识别出学习数据的那一刻，学习就会随之终止。因此，有的时候也会出现集体（集合体）的边缘触碰到线的情况。请看下图。

　　这条线真的合适吗？一般人应该都会回答，将线画到碰不到数据的地方不就好了吗。

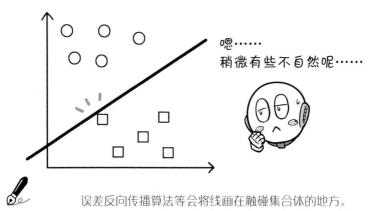

误差反向传播算法等会将线画在触碰集合体的地方。

面对上面的问题，如果使用支持向量机的话，它就能够找出两组数据之间距离最大的地方（最大间隔），并在其中间画线。请看下图。

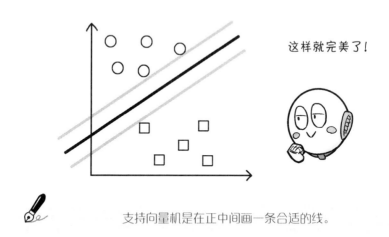

这样就完美了！

支持向量机是在正中间画一条合适的线。

以此图为例，与灰色的线相比，黑色的线与两组数据的间隔距离大，因此称作合适的线。这样，就可以根据学习数据得出的识别线，判断出哪些是未学习的数据。这就是"泛化能力"。

权衡过度学习和泛化

像在第 106 页中提到的三层感知机那样，拥有阶层构造的神经网络也称作"阶层型神经网络"。

阶层型神经网络的发展曾经备受人们期待，但由于各阶层中的"过度学习"影响了泛化能力，所以它渐渐地不再受欢迎了。

"对训练数据的过度学习"和"对未知能力的泛化"是一对权衡关系，根据学习课题的不同，它们的优先顺序也会改变，这对机器来说是一件十分困难的事。而包含人类在内的动物，一直都能够灵活地处理这对权衡关系。

深度学习有哪些厉害之处？

我这次预习得特别充分！"深度学习"是AI的革命！举例来说，影响力堪比黑船事件❶！！

是的，确实有这种说法！深度学习是一个具有划时代意义的方法哦！

总之，深度学习就是给人以这种印象！

哇！

冲呀！

深度学习号

哈哈哈，没有面包也没关系啊，国家对外开放不就行了吗？

这个印象真是和实际历史差了十万八千里呢……

啊？我本来以为这次我预习得很完美呢，结果从坂本老师的反应来看，我好像又有什么地方搞错了……

这，这个，反正还是给你留下了"不知为何总觉得很厉害的样子"的印象了嘛。今天要讲的"深度学习"是"机器学习的新方法"，我们在第 27 页中也有提到过哦。

是的，我记得。前几天我在电视报道中也看到过。现在人工智能热潮的中心好像就是"深度学习"，它到底有哪些厉害之处呢？

---

❶ 译者注：黑船事件，是指日本嘉永六年（1853 年），美国以炮舰威逼日本打开国门的事件。

深度学习成名的日子

第二次人工智能热潮结束，经历了漫长的寒冬时期后，进入了 2012 年。这一年，发生了一件震惊人工智能领域研究者的事。在世界级图像识别竞赛 ILSVRC(Image Net Large Sale Visual Recognition Challenge) 中，由加拿大多伦多大学研发的初次参赛的 Super Vision 力压东京大学、牛津大学等世界一流大学和一流企业的研发产品，夺得了冠军。

这一比赛的内容是如何让计算机自动并正确识别出图像所显示的是花还是动物。

首先，计算机通过机器学习来学习 1000 万张图像数据，然后使用 15 万张图像进行测试，最后比拼正确率。虽然在图像识别中运用机器学习是常识，但在设计方面更多的是由人类参与其中。在图像识别中，设备具备什么样的特征才能够降低错误率呢？人们在不断地摸索这个问题的答案。

 之后我还会详细介绍的。但一直以来，在机器学习中，"特征必须由人来赋予"。请大家重新返回第 29 页回顾一下要点部分。

经过反复的摸索，计算机的错误率也只能达到每年降低 1% 的程度。在那一年，人们本以为冠军的角逐者一定是那些错误率在 26% 的计算机，但 Super Vision 以 15% 的错误率位居第一名和第二名，震惊了全世界。

Super Vision 使用的正是由多伦多大学的杰弗里·辛顿开发的新型机器学习方法——深度学习（深层学习）。

能够自己提取特征，厉害！

在深度学习出现之前，特征必须通过人来设计，但有了深度学习，计算机就可以自己提取特征，并以此为基础对图像进行分类。这就是深度学习的厉害之处。

也可以说，深度学习能够自发地实现"特征学习"。

让计算机学习"猫"的特征的情景。

提取特征是件很辛苦的事。人们一直在思考"怎样正确提取特征"，提取特征的方法不同，计算机识别和推测的准确度也产生了很大变化。可以说人们的责任十分重大……但通过深度学习，计算机可以自己提取特征，只要给它大量的数据就可以了！

人们只需要告诉计算机"这是猫""那也是猫",即使没有逐一地说明猫的特征,它也能够自然而然地学会"猫是什么"。

因为过去人们认为计算机本身是无法完成这件事情的,所以能够自发学习,就成了研发出像人一样能够自主行动的人工智能的突破口。

 ## 4 层以上的深度学习

深度学习中的"深",来源于每一层都是由多层深度叠加起来的。深度学习指的是多阶层(4 层以上)的神经网络。

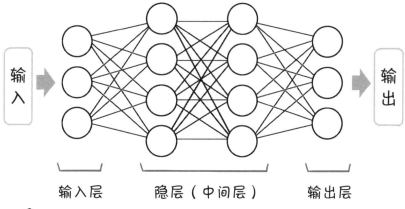

输入层　　　隐层(中间层)　　　输出层

 深度学习的中间层超过 2 层,整体超过 4 层。

嗯,我知道了,深度学习的层数有很多。但是,在第110页曾讲过:"大量增加层数,会使得学习无法顺利进行"。这个问题是怎样解决的呢?看起来好像有什么我不知道的诀窍呢。

自编码的输入和输出是相同的!

在第 110 页中,我们曾说到过,4 层以上的神经网络就不可行了。其问题在于,层数增多,误差反向传播就无法传至下层。而深度学习使用"自编码"(autoencoder)这种信息压缩器,每一层都能进行学习,使得这一问题得到了解决。

神经网络必须知道正确答案,然后才能进行学习。比如,给它看了"手写数字 7"的图像,还需要告诉它正确答案是"7"。

但在自编码中,可以将输入和输出设置成相同的事物。比如,输入"手写数字 7"的图像,自编码就会告诉你,这是"手写数字 7",是正确答案。因此,自编码不需要人类来给出正确答案。

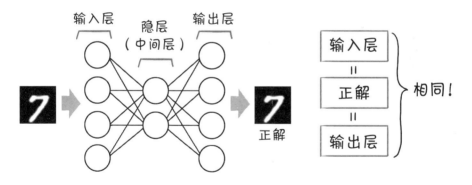

 自编码的构造是"输入"="正确答案"="输出"。

 输入和输出是相同的? 问题和答案是相同的,这样不是就没有意义了吗? 大家可能会有上述的疑问吧。为了消除这些疑问,让我们继续详细讲解。

让输入与输出具有相同的意义

请看下图，输入和输出相同时，在隐层（中间层）的位置，自然而然地就出现了该图像的特征了。

比如，以 28 像素点 × 28 像素点 =784 像素点的手写文字图像为例，输入层有 784 个，输出层有 784 个，中间的隐层有 200 个。将 784 个压缩成 200 个的方法，和统计处理中经常使用的"主成分分析"方法是一样的。

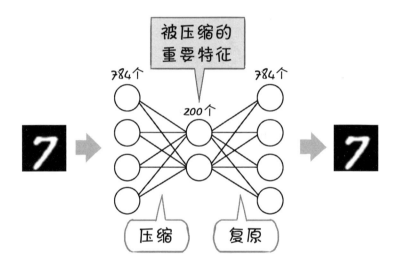

"主成分分析"通过压缩庞大的数据，使数据整体的性质变得更加容易理解。着实给人一种紧紧地被"压缩"了的感觉呢。

正因为"输入和输出是相同的"，所以在中间的隐层中自然而然地生成了"概要特征"。要点被紧紧地"压缩"之后，就隐藏了可使其"复原（恢复到原本状态）"的重要特征。

在深度学习中,通过在多个层级中的不断运作,可以提取出高准确度的特征,而这是在具有统计性质的主成分分析中所不能提取出来的。由于我经常在实验数据分析中使用主成分分析,所以我对这一原理十分熟悉。

如下图所示,因为第 1 层有 784 个输入、200 个隐层,所以第 2 层的输入和第 1 层的隐层数量相同,都是 200 个。

同样,如果输入这 200 个数据,假如隐层有 50 个,输出就又回到了 200 个。这时,与第 1 层隐层所得的特征相比,第 2 层的隐层就可以获得更加准确的特征。

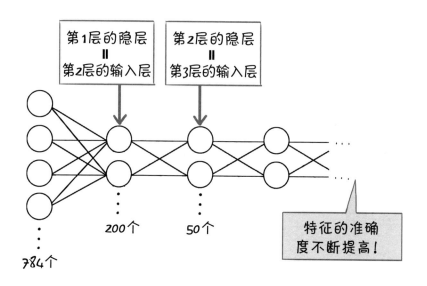

通过这样不断反复地操作,就会生成"抽象度高、准确度高的特征"。比如最终输出的是典型的数字 7,计算机就会告诉你这是"7",那么学习就到此结束了。

"抽象度高、准确度高的特征"就像"概念"一样抽象。可以说,对于输入进去的数据,学习的目的就是"抓住其本质"。

或许和人越来越像？

　　我是一名认知科学家，同时还从事工程学研究。我不希望大家做工程学研究只是为了达到制造出产品的目的，而不顾研究的过程。但我切身感觉到，神经网络和深度学习的思考方式越来越接近人类了。

　　为什么会这样说呢？这是因为，人自出生以来看过很多人写的数字"7"，所以现在就算是不同人写的"7"，也可以知道这是相同的数字。

　　慢慢地，计算机通过深度学习可以处理"声音和图像""文章和图像"等混杂在一起的多种形式的信息。人类可以一边通过五感接收信息，一边进行信息的处理。而计算机也渐渐具备了与人类相仿的信息处理能力。

 ## 深度学习的方法

　　深度学习是多层（4层以上）神经网络的总称，其中包括很多具体的方法。

　　在深度学习的方法中，我将为大家介绍我的研究室也采用的三种具有代表性的方法。顺便说一下，这里要介绍的各种方法中，还需要很多辅助知识，这些知识十分深奥，并且还在不断地进化发展。

 虽然有些难，但请大家知道，"深度学习中原来有那么多方法啊"。不论使用哪一种方法，都要仔细地进行检查核对哦！

◆卷积神经网络

（Convolutional Neural Network，CNN）

　　一直以来，与图像相关的神经网络受控于研究者的特征提取，但在 CNN 中没有提取特征的必要，它可以在学习的过程中自行提取有效的特征。把图像视为处理对象的 CNN，在 20 世纪 80 年代后半期，通过采用误差反向传播算法的学习方法，已经成功完成了由 5 层组成的多层神经元网络的学习。2012 年，使用 CNN 的图像识别获得了新的突破，我们在第 114 页中讲过。

　　要想介绍 CNN 的典型构成，就经常要从输入层到输出层，与"卷积层（Convolution Layer）"和"池化层（Pooling Layer）"这对组合排列在一起讲解。在卷积层和池化层之后，会嵌入局部对比度归一化层（Local Contrast Normalization，LCN），将它们叠加几层后，再配置上连接层与层的全连接层（Fully-connected Layer）。最后在回归中，作为输出函数，与进行恒等映射和多级分类的归一化指数函数结合在一起使用。

　　CNN 是模拟人脑视觉领域的神经回路模型，人们也都期待着它能成为模拟人类质感识别的构造。

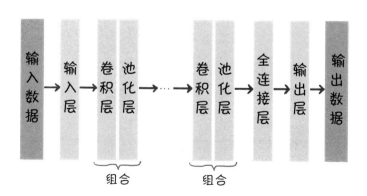

顺便说一下，卷积神经网络中的"卷积"指的是数学上的"卷积积分、合成积"的运算方法。

◆**循环神经网络**

（Recurrent Neural Network，RNN）

RNN 是擅长处理声音、语言和动态图像等一系列数据的神经网络。其特征是数据的每个样本的长度不一，系列内要素的排列都各具其独特的意义。RNN 能够学习上下文的含义，如单词之间的依存关系，从而进行高准确度的单词预测。

RNN 是内部拥有（有向）闭路的神经网络的总称，多亏了这样的构造，它可以记忆瞬时信息，进行动态变化。因此，RNN 便可以捕捉到系列数据中存在的逻辑关系。在这一点上，它与一般的正向传播型神经网络有很大的不同。

另外，正向传播型神经网络是输入一个数据就会得到一个输出数据。而 RNN 则不同，仅靠一个输出数据就能够反映出过去输入的全部数据。

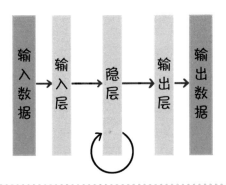

环绕一周的箭头是 RNN 的特征。多亏了这样的构造，信息才能得到反馈。

◆玻尔兹曼机

（Boltzmann machine）

玻尔兹曼机是随机生成神经网络，于 20 世纪 80 年代后半期问世。它的出现契机是本节开头介绍的由辛顿开发的深度学习。其名字来源于 19 世纪的物理学家，统计热力学的创始人玻尔兹曼（Boltzmann）。

在网络的行为中引入温度的概念，想办法使其刚开始激烈，之后趋于平稳。

使用最速下降法（梯度下降法）的误差反向传播算法只能捕捉局部解。对于这一致命问题，玻尔兹曼机通过引入随机优化的方法，尝试从局部解中脱离出来。

玻尔兹曼机一般会用来当作数据的生成模型。

局部解是指"限定在一定范围内的答案"。如下图所示，在更大的范围中我们才能看见"最优解（最适合的答案）"。如果不从局部解脱离出来，就找不到最优解。所以真的很麻烦呀。

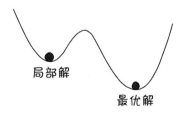

局部解

最优解

根据目的的不同，我们也要使用不同的方法。关于神经网络和深度学习的说明我们就先讲到这里。接下来要讲的是"AI 三大模型"。

3.4 AI 三大模型中的"遗传算法"是什么？

突然提问吓到我了。我虽然是一个十分优秀的机器人，但我毕竟不是沃森机器人（详见第 65 页），所以对突如其来的提问我感觉有些紧张呢。

嗯，吓到你了吧。事实上接下来，我们要讲的是 AI 三大模型中的"遗传算法"。

嗯嗯。所以遗传算法就是答案呀。我可能听说过"算法"这个词，但一下子没有反应过来。

"算法"是指"为了解决某个特定问题的计算顺序和处理方法"。遗传算法也是"为了寻找最佳答案而摸索出来的方法"。

嗬，不知道为什么总觉得遗传算法是个十分便利的方法呢。但是，"遗传"是怎么一回事呢？这个谜团更深了……

AI 三大模型的方方面面

近年来，深度学习备受关注，因此总给人以一种人工智能等同于深度学习的错觉。但事实上，深度学习只是神经网络的进化版。

创造人工智能中"智能"构造基础的 AI 三大模型分别是：属于深度学习的"神经网络"；第 13 页中介绍的第二次人工智能热潮中的"明星"——"专家系统"；以及接下来将要介绍的"遗传算法"。

 ## 以达尔文的进化论为基础

遗传算法（Genetic Algorithm，GA）是由密歇根大学的约翰·霍兰德（John Holland，1929 ~ 2015）于 1975 年创造出来的，其基础就是达尔文的进化论。

查尔斯·达尔文（Charles Darwin，1809 ~ 1882）在 1831 年至 1836 年间，跟随贝格尔号军舰进行了环球航海考察。在航海的过程中，达尔文从各个地区动植物的差异出发，对动植物的变化适应能力产生了新的想法，并以自然选择的进化理论为基础，在 1895 年出版了《物种起源》一书。而达尔文也因此名声大噪。达尔文进化论中最重要的一点是**自然淘汰（自然选择）**，简要概述如下。

生物自身所带有的性质是各有不同的，即使是同种类也会存在个体间的差异。这其中有一部分是父母遗传给孩子的。拥有对适应环境有利的性状的个体可以留下更多的后代，而拥有低等性状的个体就会被淘汰。此外，个体有时会发生突变，当然有时也会突然诞生优秀个体。而生物就是**通过这样的循环往复实现进化的**。

此外，达尔文认为"变异"是随机的，"进化"和进步是不同的，没有特定方向的偶然变异是一种机械论。这一想法也是十分有趣的。

因此，认定"优等个体＝优秀回答"，让计算机使用进化的方法找出最佳的答案，这就是遗传算法。

遗传就是指孩子从父母那里继承性状。在生物的世界里，就有"优胜劣汰"的一面。这一现象应用在求解方法上，最后剩下的就是"最佳答案"哦。

遗传算法的使用方法

遗传算法擅长从无数答案中，找出或解出最佳的那一个。
遗传算法是按照以下步骤实现的。

"个体适应度"高的一方是更加优等的个体（优秀答案）。所谓"交叉"就是指两种东西混杂在一起。请大家查阅下一页的图。

反复的世代交替是在不断寻找优等个体（优秀答案）吧。这个方法是该说合理呢，还是说便利呢……嗯，真是一个伟大的构思啊。

遗传算法的流程如下所示。

① 随机生成 N 个个体。

② 通过满足目的的评价函数，计算生成的每个个体的个体适应度。

③ 根据规定的概率，任意进行以下三种行为，将结果作为下一代的结果保存。
• 选择两个个体进行交叉。
• 选择一个个体使其基因突变。
• 选择一个个体进行复制。

④ 下一代的个体数变为 N 之前，不断重复上述步骤。

⑤ 下一代的个体数变为 N 时，将所有下一代变成第一代。

⑥ 在达到预设好的世代数之前，不断重复②之后的步骤，最终将适应度最高的个体作为答案输出。

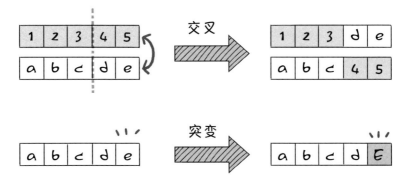

通过交叉和突变创造出各种各样的个体。

遗传算法现在广泛应用于游戏、股票交易、飞行线路的优化、飞机机翼大小的优化等多个领域。

十分荣幸，我曾和女演员菊川怜同属于一个演艺公司。1999 年，菊川怜从东京大学理科 I 类（工学部）毕业，当时她的毕业论文是《关于运用遗传算法调配特定型混凝土的设计研究》。

混凝土的强度会随着其组成物质——沙、水泥、水的混合比而发生变化，所以通过遗传算法可以找到最佳的调配方法。

有点跑题了。不过我在东京大学驹场校区读研究生时，有时会在大学生协会看到菊川怜。那个时候我就觉得她好美啊。

哇，你竟然见过菊川怜本人，太令人羡慕了！她的美可能和遗传有关系呢。第 3 章讲了很多丰富多彩的内容，即使是像我这样如此优秀的机器人都觉得有些累了……

辛苦啦！在这一章中，我们解决了很多难题呢。接下来的第 4 章是最后一章了，让我们最后一起放松一下吧。

第 **4** 章

人工智能的应用实例

在第 4 章中，我们将会详细介绍"人工智能的应用实例"。我们在电视上经常看到下国际象棋的游戏 AI、自动驾驶 AI，除此之外还有图像识别 AI、对话 AI、挑战艺术领域的 AI 等等，有很多丰富多彩的内容。当然啦，我还要讲讲我正在进行的拟声研究。

人工智能的进化在"游戏"中的应用实例

坂本老师，和我对局吧！日本象棋、围棋、国际象棋什么都可以哟！

呵呵……

我好像哪个都没胜算……

哎呀，坂本老师，比赛还没开始你就丧失斗志了吗？不过这也情有可原，毕竟像我这样的计算机，在这方面太强了嘛。

确实是这样呢。以前，在"人 vs 计算机"的对局中，如果人输了，人们会感到十分惊讶："是人输了吗？！"不过现在，即使人输了，人们也不会像以前那样感到十分震惊……国际象棋、日本象棋、围棋等游戏 AI 是如何进化的呢？我们来讲一讲它的历史吧！

游戏 AI 的进化历史

　　我们几乎每天都能够看到，媒体又在报道某某超强游戏 AI 被开发出来了。现实世界是复杂的，很难将问题特殊化，所以让 AI 通用化还是有困难的。此外，与医疗不同，游戏可以轻松地使用最新的技术，只要开发了新技术，AI 就会越来越多地应用于游戏领域。

　　因此，了解游戏人工智能的历史，就能够了解人工智能进化的历史。游戏 AI 的进化历史如下。

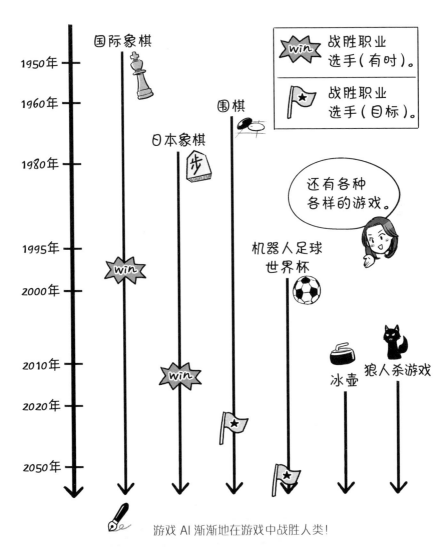

游戏 AI 渐渐地在游戏中战胜人类！

　　过去 20 年间，不可能正在变成可能，AI 正慢慢超越人类，参与游戏的对抗者也从最开始的人类和 AI 慢慢变成了 AI 和 AI。可以说在游戏领域，已经出现了奇点（人工智能超越人类的转换点）。

接下来我们逐一介绍国际象棋、日本象棋、围棋历史上的大事件。

人类与 AI 对战（国际象棋篇）

1996 年 2 月，以 IBM 制造的 RS/6000SP 为基础的国际象棋专用计算机"深蓝（Deep Blue）"挑战当时的国际象棋冠军卡斯·帕罗夫，以 1 胜 3 败 2 平的战绩落败。

但在第 2 年，也就是 1997 年 5 月的对局中，深蓝以 2 胜 1 负 3 平的战绩，取得了胜利。

据 IBM 表示，当时胜利的是国际象棋专用计算机，搭载了 32 个处理器，每秒能计算 2 亿步棋。深蓝具备超高的计算能力，每秒可以计算 2 亿步，再不断地从中选择最佳的那一步。

那时深蓝搭载的是在第 13 页中介绍过的"专家系统"。作为第二次 AI 热潮的"明星"，专家系统是人工智能的一种，但它也只是以人类决定的规则、输入的知识库（计算机通过读取的形式将知识变成数据库）为基础的拥有超高速计算能力的计算机。

我们正在迎接第三次 AI 热潮，从现在的角度来看，专家系统不是真正意义上的人工智能，当时深蓝的胜利可以说并不是计算机对人类的胜利。

但当时，失败的卡斯·帕罗夫在对局后评论："我感受到了深蓝的智慧。"他认为深蓝非常"聪明"。

"深蓝（Deep Blue）"的意思是深邃的蓝色，据说跟深度学习（Deep Learning）完全没有关系。顺便说一下，开发深蓝的 IBM（国际商业机器公司）的 logo 和代表颜色都是蓝色哦。

人类与 AI 对战（日本象棋篇）

和国际象棋一样，在桌游上获得胜利的人工智能还有日本象棋。

从 2006 年左右开始，在一些非正式的活动中，专业棋手和日本象棋计算机曾有过数次对局。但在 2007 年，世界最强日本象棋计算机软件 "Bonanza" 在与渡边明的龙王公开对局中落败。

2010 年，"Akara 2010" 同女国手清水市代女流王位·女流王将进行了对局。"Akara 2010" 由 "激指" "GPS 日本象棋" "Bonanza" "YSS" 这 4 种软件组成，是通过多数表决来决定最佳落棋位置的计算机。这场对局的结果是清水市代落败，这是在正式比赛场合中，专业棋手的首次落败。

时任日本象棋联盟会长的米长邦雄永世棋圣接受了这一结果，并表示会在第二年同日本象棋计算机进行对局。到了 2012 年，第一届日本象棋电王战中，米长邦雄永世棋圣在同世界日本象棋计算机冠军 "邦库拉斯（现用名为 Puella α）" 的对局中落败。

2013 年，在第二届日本象棋电王战中，五种日本象棋计算机和五名专业棋手分别进行五场对局。在第二局中，四段棋手佐藤慎一在同 "ponanza" 的对局中落败。这是在正式比赛场合中，日本象棋计算机第 2 次战胜专业棋手。

自此，日本象棋软件能力的飞速提高备受瞩目。2017 年 4 月，"ponanza" 战胜了佐藤天彦名人。

日本象棋软件的不断发展，是通过第 3 章讲到的机器学习来完成的。通过机器学习，让计算机从过去庞大的棋谱中学习棋盘和棋步，慢慢地找出特征（应该注意的数据中的某个地方）。比如，如何布置王将、金将和银将的位置关系才更有利，将棋软件从过去庞大的棋谱数据中找出人类看不见的关系，从而确定最佳的落棋点。

随着计算机性能的不断提升，将棋软件现在可以在 1 秒内计算上亿步。通过这样的探索性方法，计算机不断获得胜利。

人类与 AI 对战（围棋篇）

2015 年 10 月，谷歌（Google DeepMind）开发的阿尔法围棋（AlphaGo）在与欧洲围棋冠军的五场对局中五战五胜。2016 年 9 月，AlphaGo 在同世界围棋冠军的对局中凭借五战四胜的战绩，获得胜利。

虽然人工智能围棋的发展速度很快，但在此之前，没有人认为它们能够战胜人类。因为对局开始时，就"最开始两步棋的下子可能性"来说，国际象棋有 400 种，日本象棋有 900 种，而围棋则有 129,960 种，相当于 10 的 360 次方。在对局中，直觉和估算是十分重要的，因此人们认为，依靠计算机从前的探索性方法，是不可能取得胜利的。

AlphaGo 的系统由 1202 台 CPU 和 176 台 GPU 构成。它不仅拥有相当出色的计算能力，在导入了"深度学习"技术后，还变得更加强大。

同国际象棋知识库的专家系统不同，AlphaGo 不需要人类来教授围棋的规则，它可以从过去围棋选手庞大的对局记录中自主学习。

2017 年 3 月，"DeepZenGo"战胜了专业棋手（井山裕太九段）！真是太厉害了！

AlphaGo 的算法刊登在了科学杂志《自然》上。

▶ 步骤① AlphaGo 可以读取围棋网站上 3000 万步的棋谱数据。把"某棋盘上，选手接下来要下哪"的问题作为教学数据，让神经网络从高段位棋手的棋谱数据中进行"监督学习"。我们曾在第 3 章中讲过"监督学习"，此时使用的其实是在第 3 章中讲的"卷积神经网络（CNN）"。通过 13 层的 CNN，把棋盘看成 19×19 像素点的图像，然后将数据导入之中。

在图像识别中,输入 RGB(红绿蓝)等颜色数据,"棋子的颜色(不是黑色就是白色)""第几步棋""那一步取走了几个棋子"等数据就会导入 AlphaGo 中。这样一来,神经网络就会将"接下来该攻击哪个子"这一问题作为 19×19 像素点的数据输出。

▶ 步骤② 仅仅 3000 万步是远远不够的,所以接下来,通过"深层强化学习",让步骤①中训练的神经网络和其他神经网络对局,并引入给予胜利的一方奖励的"强化学习"技巧。依靠这样的方法,打磨出"战胜对手的方法"。

▶ 步骤③ 通过步骤②中训练神经网络的对局,制作出新的 3000 万局棋谱数据,再让神经网络学习这样庞大的数据,从而得到强化。而如果让人类学习 3000 万局的棋谱数据,就算每天学习 10 局,也需要花费 8200 年。

下图总结了上面的 AlphaGo 算法步骤。顺便说一下,在 2016 年 12 月,我在新闻节目中解说围棋 AI 时,提到了拥有更强实力的"神手"AI,这在网络上引发了热议。如今,围棋 AI 仍在不断进化中。

围棋AI之AlphaGo的学习

★没有人对AlphaGo教授过围棋规则!

令AlphaGo读取围棋网站的"3000万步棋",自主地进行学习。

为了令其获得更多的数据,让它与其他计算机对局。运用了"深度强化学习"的方法。

通过与其他计算机的对局,AlphaGo又学习了"3000万局棋",从而变得更强。这是人类绝对不可能完成的学习量。

如果坂本老师顶着一头金发来学校,学生们可能还会想:"这是谁?"但我能立刻认出来。

我才不会变成那个样子呢。但即便是进行了乔装打扮,计算机的人脸识别系统确实能够立刻分辨出来。人们一直期待图像识别能够在医疗等领域大放异彩,那么我们就快来学习一下它在"图像"领域的应用实例吧。

谷歌的猫

在上一节中我们说过,棋盘类游戏也是图像数据,但目前扮演 AI 热潮导火索角色的,其实是导入了深度学习的图像识别。

在第 3 章中,我们已经讲过图像识别竞赛这一大事件了。而同样是在 2012 年,谷歌研究团队"Google×Labs"(当时的名字)发表了名为"谷歌猫脸识别"的图像,在网络上引发热议。

请看下一页的图。在最下层,只需要识别出点和边缘的模样;往上走,能够认识圆形和三角形;再往上走,将这些要素组合起来,便可以提取出像"两个点是眼睛"这样将要素组合在一起的特征了。

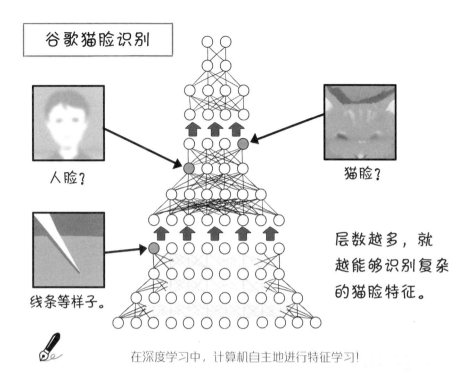

在深度学习中，计算机自主地进行特征学习！

这项研究的厉害之处在于，计算机可以自主学习"猫的概念"，而不再需要人们把"猫的图像"作为关键词录入计算机。计算机系统能够自行分析图像的特征，再从庞大数量的图像中识别出猫脸。

这次的深度学习是让计算机读取 1000 万张图像，然后令其自主学习。最重要的是，这 1000 万张图像中没有明确标明"这是猫"或者"图像里只有猫"。也就是说，这 1000 万张图像上没有任何标注，上面只有各种各样的图案。

计算机从如此繁多的图像中自主地学习"猫的概念"，最后，人们只要告诉它"这是猫"这个概念的名称就可以了。深度学习果然厉害啊！

图像识别的发展

2012 年以后，深度学习被引入到了图像识别中，因此，它的实用化速度也随之加快。

截至 2014 年，计算机已经具备了与人类相同水准的人脸识别水平。这一结论来自 Facebook 于 2014 年刊登在 CVPR（IEEE Conference on Computer Vision and Pattern Recognition 的缩写，即 IEEE 国际计算机视觉与模式识别会议）上关于人脸识别的论文。谷歌通过名为 DeepFace 的方法，将公司里 4030 个人的 440 万张照片作为对象，令计算机大规模学习，使其基本具备了和人类相同水准的人物识别性能。图像识别每天都在不断发展。

人脸可以被当作钥匙，进行安全锁的上锁和开锁。登录计算机和智能手机时，有的可以采用人脸识别。在长崎主题公园豪斯登堡内，有一家"奇怪的"旅馆，里面空无一人，只有机器人待客。在这家旅馆内，接待处可以刷脸，人脸还是房间钥匙。

人脸识别使很多事变得方便了！

此外，在我们的日常生活中也经常使用图像识别技术。启动智能手机时使用的"指纹识别"功能，智能手机相机搭载的"人脸识别"功能等等，这些都离我们的生活很近。此外，很多人也有过在可以识别手写文字的平板上签名的经历吧。

众所周知，由于汉字的偏旁部首距离十分近，所以汉字识别一向是十分困难的。而如今，手写汉字识别系统也被研发出来了。2016 年 11 月，中国富士通研究开发中心（FRDC）和富士通研究所开发出了高精度汉字手写中文识别技术。

　　这项新技术除了有以往学习中使用的传统文字模型外，还构建了"非文字模型"这一不同寻常的深层学习模型，即通过持续输入大量训练字符数据，让识别系统学习有效的特征，提取出最有效的区分不同字符类别的特征，每个文字对应的特征（细胞）响应都被记忆在系统中。这种模型涵盖了偏旁部首和一些不能被识别的字符或部首，其识别手写汉字的准确度达到 96.3%。

　　这项技术同样可以应用在日语上，并且将会大大提高手写文本电子化的效率。通过图像识别技术，我们的生活变得越来越便利。

 ## 医疗领域的应用（庄野实验室）

　　庄野勉老师是我在电力通信大学时的同事。在庄野老师的实验室里，现如今正使用图像识别技术，以弥漫性肺病（没有区分像肺炎和肺癌这样的系统，是需要早期就被发现的顽疾）患者为对象，从拍摄的 CT 图像中找出病灶。

　　具体来说，就是将从 CT 图像中抽取特征的工作和模型识别器相结合。一直以来，人们都是通过制造符合人类视觉的特征来进行识别的，但现在，庄野老师要让其通过深度学习来计算出特征。

　　如果一个图是二维图像，人们看到图像中的物体是个圆形；但如果变成三维图像的话，人们看到的就是个血管。因此，人体的图像识别有必要使用三维图像。虽然完成这一任务困难重重，但通过导入庄野实验室开发的特殊模型识别，截至 2017 年 4 月，可以解析的图像的识别率已经达到了 97%。

 CT 图像是指利用放射线拍摄的人体剖面。CT 可以拍摄大脑、心脏、肺等身体各个部位的剖面。最重要的是"怎么看 CT 图像"。映射在图像上的，哪怕是微小的病灶，也逃不过 CT 的法眼。

医疗领域的应用（恶性黑色素瘤的判别）

让我来简单地介绍一下日经 BP 于 2016 年 10 月刊发的《彻底明白了！人工智能第一线》中的两则图像诊断事例。

筑波大学皮肤科专业医生石井亚希子虽然在图像识别等人工智能技术领域是外行，但通过在深度学习基础上的图像识别模型的生成服务 "Labellio"，她试着做出了判别恶性黑色素瘤（皮肤癌的一种）的图像识别模型。

Labellio 能够判断肿瘤是 "恶性黑色素瘤" 还是 "良性黑痣"，并带有自信地进行了回答。最终，测试数据显示其测定准确度达到了 99% 以上。

可以说深度学习成了一种 IT 工具，即使不熟悉机器学习的人也可以使用。

使用 Labellio 不需要书写程序代码，只需要让计算机学习图像识别的标准，即 "训练数据" 就可以了。

石井医生以大学医院的实际病例照片为中心，收集了 155 例恶性黑色素瘤和 251 例正常人的黑痣照片数据，包括反转图像和旋转图像在内，共计 1218 张图像。通过让 Labellio 的神经网络读取这些数据，完成了模型的制作。

恶性黑色素瘤和良性黑痣的 "形状" "颜色" "大小" 都是不同的。普通的黑痣大多是圆形的，有边界的，并且颜色是统一的；而恶性黑色素瘤是椭圆形的，并且颜色深浅不一，有的还会快速变大。这是因为微妙差异而难以区分的两种病例，所以即使是医生也难以判别……如果让我们这些计算机去判别的话，不管对医生还是对患者来说，都是一件好事！

医疗领域的应用（癌症的检测）

如今,利用图像诊断技术创业的人也在不断增加。据日经 BP 介绍,位于美国旧金山的"Enlitic"的癌症检测程序的准确率已超过了人类放射科医生。

与猫脸识别等图像识别相比，从 X 光照片和 CT 扫描、超声波检查以及 MRI 等图像中检测出癌症等恶性肿瘤是十分困难的。X 光照片的分辨率是纵 3000 点 × 横 2000 点，而拍进照片里的恶性肿瘤的大小是纵 3 点 × 横 3 点。

因此，传统医生不得不在巨大的图像中判断投射其中的一粒微小颗粒是否是恶性肿瘤。

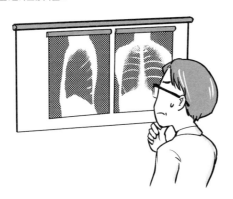

执行这项任务的图像识别软件，是深度学习方法之一的"卷积神经网络（CNN）"。

由于还是需要输入"训练数据"，所以放射科医生开始让神经网络读取大量检测是否有恶性肿瘤及其位置的图像数据，让"模型"能够自主发现恶性肿瘤的形状等外部特征，并找出哪些特征能判断是否有恶性肿瘤。

为了提高诊断的准确度

与游戏 AI 不同，人工智能技术在医疗领域的应用上，获取大量数据是非常困难的。

我正在致力于通过利用"一跳一跳的疼""嗡嗡的疼"等表现症状的拟声拟态词，来研发出一款诊断支持系统。为了安全处理患者们的信息，我下了很大的功夫，办了很多手续。如果要让计算机进行学习的话，就必须要有训练数据，因此就必须要和医院合作。此外还有一个原因是，我只有得到管理森严的伦理委员会的批准，才能开展这项研究。

 疼痛的种类不同，推测出来的病症也会发生改变。如果计算机能正确处理疼痛的表现，那么这也会对诊断病症有所帮助哦。

攻克这个课题之后，人工智能技术能够为了"守护生命"不断地提高诊断的准确度，进而得到广泛的应用。让我们一起期待吧！

擅长游戏和图像识别的人工智能在汽车的驾驶方面是怎样的呢？好像既有趣，又令人担心呢。我们快来讲讲自动驾驶 AI 吧！

自动到什么程度？

2016 年，老年人驾驶事故在日本不断发生，使得自动驾驶汽车的实际应用引发了人们的高度关注。自动驾驶汽车是指部分驾驶操作完全由计算机来控制的汽车。自动驾驶汽车的普及，能够减少因人类驾驶员的判断错误而发生的事故，人们对此的期待越来越高。

美国国家公路交通安全管理局（NHTSA）定义了 4 个级别的自动驾驶水平。

L1 级：计算机分别独立控制汽车的油门、方向盘、刹车。

L2 级：计算机控制两个及以上部分，且可以相互配合。

L3 级：是由计算机控制汽车的油门、方向盘、刹车，但紧急时刻由人类驾驶员进行操作的"半自动驾驶"。

L4 级：是人类驾驶员不参与驾驶的"完全自动驾驶"。

如果实现了 L4 级的"完全自动驾驶",也就意味着实现了无人驾驶。

根据日本经济产业省之前的预测,到 2018 年,L2 级自动驾驶汽车会商业化。谷歌正在致力于实现 L4 级的自动驾驶汽车。预计到 2030 年,人类在技术上会实现 L4 级自动驾驶。

汽车自主变道

堵车时自动停车

红灯亮时自动停车

 上图是自动驾驶在实际应用中的例子。除此之外,需要学习的驾驶知识还有很多!

 要想"驾驶车辆",就必须做出各种判断和操作呢。怎样才能实现驾驶 AI 这个目标呢?让我们一起来思考一下吧!

为了实现自动驾驶

要想实现自动驾驶，需要具备多种要素。

首先需要有代替驾驶员且能够识别周围路况的"摄像头、雷达等传感器"，还要有"3D地图数据库"。然后从这些传感器获得的信息中判断情况，进而在可以控制油门、方向盘、刹车的电子控制单元中罗列出来。此外，还有必要给电子控制单元配备能够发出命令的"软件"。要想拥有这样的软件，就必须要依靠人工智能技术。

哇！确实需要很多东西呢。这么说来，人类在驾驶的时候也要使用"视觉、知识、用于操作的手脚、进行判断和执行的大脑"呀。

自动驾驶汽车必须要实时地、准确地处理周围的车辆、行人情况以及信号灯的变化等大量的数据，并做出判断。

我们在4.2节的"图像"应用实例中看到的只是"静止画面"，所以不难想象对从运动车辆的车载摄像头中获取的信息进行持续的实时应对有多么困难。

但实时处理大量数据这件事情，对于可以超高速处理信息的人工智能来说可能没有那么难。问题的关键在于如何对现实环境中的变化进行"相应的判断"。

那么，人工智能要怎样做才能应对这些变化呢？

要想进步，最重要的是练习和学习哦。要想学会驾驶车辆，就要不停地学习才行。我们一边回忆一下第134页讲过的围棋AI的相关知识，一边继续往下学习吧。

自动驾驶的训练步骤

　　自动驾驶的训练步骤和第 134 页中提到的 AlphaGo 的训练步骤基本是一样的。但在围棋 AI 中，由于实际的棋盘和图像数据中的棋盘没有差别，假想的步数无论是 129,960 步还是 10 的 360 次方步，它都是有限的。

　　而与此相比，自动驾驶车辆遇到的实际道路和模拟装置中的道路有很大的不同，在实际道路中，意料之外的事情有很多。

　　在实际道路中，要通过什么样的办法，才能够实现"不会发生碰撞的自动驾驶"呢？接下来，让我们讲一讲训练自动驾驶 AI 的例子吧。

　　看了下一页的总结图，果然理解起来就容易了很多呢。"深层强化学习"顾名思义，它是"深度学习"和"强化学习"的结合。

▶步骤① 　先通过各种传感器获取自动驾驶车辆的速度以及方向变化等数据，然后制作虚拟再现的模拟装置。

▶步骤② 　在模拟装置制造出的虚拟空间中让自动驾驶车辆行驶，一旦发生碰撞就施以惩罚，制作像这样可以进行强化学习的神经网络。这是在 AlphaGo 部分中介绍的"深层强化学习"的方法。使用这种模拟装置，学习速度会比让自动驾驶车辆在实际道路上行驶进行学习快 100 万倍。这时，最重要的是再现实际道路中发生的各种状况（汽车出现故障等），让自动驾驶 AI 进行学习。

▶步骤③ 　和 AlphaGo（计算机和计算机对局）一样，一边让多辆自动驾驶车辆多次上路行驶，一边从计算机自行生成的、实际中不太可能发生的状况中学习，不断打磨自动驾驶 AI 的技术。

自动驾驶AI的学习

制作虚拟再现驾驶的模拟器。
（再现车速、方向变化及从车辆的传感器
中获取的信息。）

让车辆在虚拟空间行驶，使其学习如何驾驶。
（与在现实空间练习相比，学习速度快了100万倍。）
使用"深层强化学习"的方法。

让多辆车行驶，提高学习效率。
计算机自行创造出各种各样的状况，让自动
驾驶AI来学习。

顺便说一下，步骤③中的"不太可能发生的状况"是指"从空中掉落不明物体"或者"逆行事故中，有人和物体突然飞过来"等情况。此外，在遇到所谓"电车难题＊"时，完全自动驾驶应该怎样做才好呢？这也是一个问题。

电车难题是指电车由于不受控而无法停止的情况下，如果就这样行驶下去会压死 5 名工作人员，但在线路的岔路口改变路线的话，只会压死 1 名工作人员，那么这时，改变路线是正确的吗？

 ## 为了掌握位置和情况

　　为了让得到锻炼的自动驾驶 AI 能够在实际的道路上行驶，最重要的是令其具备"推断车辆位置"和"掌握周围情况"的摄像头和雷达等传感器。人类主要通过视觉来获取信息，那么怎样也让自动驾驶 AI 知道这些信息呢？

　　信息本身虽然不是人工智能，但只有将这些信息输入人工智能之中，人工智能才能够运转。让我们再次确认一下吧。

关于"推断车辆位置"，我们将以下三个方法结合起来进行思考。

▶方法① 依靠能够 360 度全方位掌握事物位置和形状的自律型移动机器人的激光雷达，一边制作 3D 地图，一边推断位置。这个方法的优点是可以去地图上没有的地方，而缺点就是如果行驶距离过长，则会累积误差。

▶方法② 在系统内安装事先制作好的正确的 3D 地图。但是，在地图中没有的地方就不能使用这种方法了。

▶方法③ 依靠现行的导航系统 GPS（全球定位系统），测定当前位置。但是，用过汽车导航的人都知道，这个方法在隧道等 GPS 卫星信号探测不到的地方是无法使用的。

关于"掌握周围的情况"，可以通过"毫米波雷达"测定与周围物体的准确距离，通过"激光雷达"掌握与物体之间的距离和物体的形状，通过"摄像头"来掌握周围的物体是什么。但是，在夜间或是恶劣天气时，摄像头的识别性能会下降。这是人工智能技术需要继续解决的问题，不过，随着技术的进步，这个问题是能够克服的。

要想了解周围的物体，还是得靠雷达啊！"雷达"是通过电波碰触物体，再测定反射回来的电波，来判定与物体之间的"距离和方向"的装置。毫米波雷达是利用毫米波（波长大约为 1 ~ 10 毫米）来进行测定的。

事故的原因究竟是什么?

自动驾驶车辆的实际应用还面临着一个很大的问题。

那就是, 在完全自动驾驶车辆发生交通事故时, 应该由谁来承担法律责任呢?

根据日本道路交通法中的表述, 驾驶员的定义是"驾驶车辆的人", 但是人工智能并不是"人"。这样一来, 似乎就演变成了, 应该是由与自动驾驶车辆相关的企业(自动驾驶车辆制造商等)来承担责任, 但要判断责任应该归谁, 还是需要先进行事故原因调查, 等到调查结果出来之后才能够进行判定。

在这里, 依靠深度学习实现的自动驾驶 AI 的弱点也成了一个难题。一般的计算机程序可以追踪代码,修正(调试)不好的地方,即排除故障。但在深度学习中, 没有人类可以读取的代码,只能依赖表现各个神经网络连接强度的系数。因此, 要掌握谁在做什么, 就变得十分困难。

有时候很难探究事故的原因, 且无法修正程序, 以预防同样事故的发生。在面临这样的状况时, 我们会采取的一种对策是施以惩罚来让其进行学习。

围棋 AI 也被指出存在这样的问题。但是, 如果是围棋 AI 的话, 人们的想法大多是, "虽然不明白, 但感觉很厉害", 而且也就只会停留在这一感受程度。但是在自动驾驶 AI 中, 应该思考的问题涉及方方面面, 因此探究自动驾驶 AI 发生事故的原因是个十分重要的问题。

"对话 AI" 的应用实例

 啊？坂本老师，你的表情很微妙啊。难道是青汁喝多了？

 嗯，和机器人对话，有点有趣呢……我们接下来就讲讲有很多话题的"对话 AI"吧！

为了和计算机对话

使用语言，是人类作为社会性动物最大的特征。如果说"语言中隐藏着智能的本质"，那么实现自动对话系统可以说是十分重要了。

在第 4 页的图灵测试一节中，我们曾介绍过的艾伦·图灵，选择用语言能力来测试人工智能。因为他认为理解语言是人工智能遇到的最大难题。另外，我们在第 2 章中讲过，目前，人工智能是无法在真正意义上理解人类的语言的。

然而，我们现在正处于大数据时代，与语言相关的人工智能技术有了很大的发展，并且有了各种各样的应用实例。

　　在计算机的世界，人类一般使用的语言称作"自然语言"。为了将自然语言输入计算机，我们会用键盘直接在计算机上输入文章。但"对话"大多是通过声音实现的，因此人们便开始使用在第 2 章中讲过的"语音识别"技术。

　　将自然语言输入计算机，如下图所示的流程，使用的技术是把"文章"分解成"句子"，再把"句子"分解成"单词"，最终得出答案。

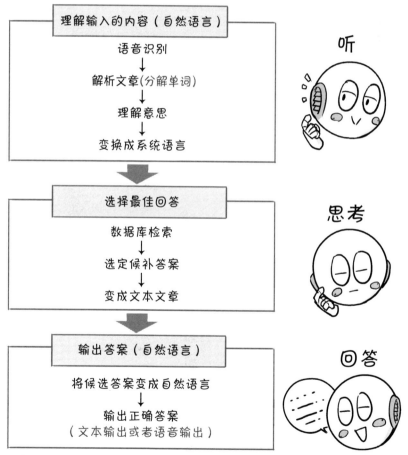

对话 AI 的流程，输出的对话是文本或者语音。

在很多情况下，对话 AI 的实现需要应用多种人工智能要素技术。对话 AI 大致分为"有知识"和"无知识"两种类型。

首先我们来讲讲"有知识"的类型。我们在第 65 页中提到的沃森机器人要出场了哦！

 "有知识"对话 AI

作为"有知识"对话 AI 的实例，我们要介绍一下 IBM 公司的沃森机器人。以人工智能通用化为目标的 IBM 没有将沃森称为人工智能，而是称为"认知系统"。但由于现在我们还没有实现人工智能的通用化，因此本书将"专用人工智能"也称为"人工智能"。在这种意义上，沃森就是一个十足的人工智能。

例如，沃森是按照下图所示的流程来为呼叫中心的接线员提供技术支持的。

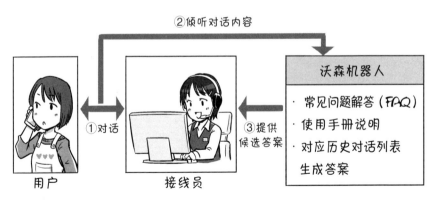

沃森机器人为呼叫中心的接线员提供帮助。

　　将用户的语言进行"语音识别"，然后变成文本，再将其进行词素分解，即将文本分解成最小的语言单位后，再去理解文本的含义。接下来，再从所需的数据库中检索数据，给生成的多个回答打分，从中挑选出得分最高的几项作为最佳候选答案。

　　在第 2 章中，我们曾经讲过计算机是很难处理用语言导入的知识的，而解决这个问题的方法有"人类整理知识，再进行记述"以及"先让计算机读取语言数据，再令其自动找出概念间的相关性"等。
　　前者称为重量级本体，后者称为轻量级本体。沃森是轻量级本体的代表。

　　在第 65 页中我也曾说过，沃森在 2011
年参加了美国智力竞赛节目 Jaopardy（危
险边缘）。在节目中，它与历届冠军对抗，
并取得了胜利，让它一战成名。

　　沃森使用的是之前就一直在研究的"答疑"技术，根据维基百科的记述，它是先生成轻量级本体，然后再使用"答疑"技术进行解答的。一般情况下，人们经常误以为沃森能解答很多不同的问题，但其实沃森自己本身是不能理解提问的"意思"然后进行回答的。

　　沃森只能快速检索出问题所含的关键词和与问题相关的答案。和答疑技术一样，沃森采用机器学习，踏实地进行大量的学习，以此来提高答案的准确度。

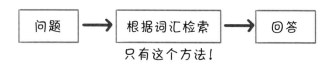

沃森在实际中应用得越多，它就会变得越聪明。因此通过不断地进化，它在癌症研究等医疗领域和烹饪领域都取得了不少成果。

制作烹饪菜谱的 AI"主厨沃森"不仅能够搜索菜谱，还能通过 9000 多道专业厨师制作的菜品及其评价数据、成分数据，整理出素材及烹饪方法，将关键词形容的味道、材料、烹饪方法相结合，为用户提供菜谱。

顺便说一下，如果想要用拟态词来表述你的需求，例如"想要软乎乎的口感"之类的话，可以到我这里来。因为在我的实验室中，真的有一个系统，可以通过你提供的味道成分来进行相应的检索。

"无知识"对话 AI

接下来我们介绍"无知识"对话 AI。

有一种工具叫作"聊天机器人"，即对话机器人，它是一种可以同用户实时对话的交流工具（如日本微软开发的琳娜）。

聊天机器人中也有搭载了人工智能的，但典型的聊天机器人并不具备理解对话内容的构造，只能鹦鹉学舌或者按照一定的规则来回答，"假装具备知识一样地继续进行对话"。因此，聊天机器人也称作"人工无能（人工无脑）"。

 我和琳娜的对话截图在下一页，白色的对话框是琳娜说的话。

嗯？嗯嗯嗯？你不觉得琳娜说话有点奇怪吗……不过，可能正因为如此才可爱吧？总觉得你们的对话有些别扭呢。

琳娜
© 日本微软智能手机
的截图。

 制造对话的三种技术

制造对话大致有三种技术，分别是"辞典型""对话型""马尔可夫型"。

"辞典型"是指提前制作单词辞典和模板，对于输入的单词已经有决定好的对应答案的方法。使用这种方法，如果输入"有蝴蝶"就会回答"喜欢"，输入"有毛毛虫"就会回答"讨厌"。

"对话型"是把对话（经历），也就是过去的对话当作样本数据进行学习，然后将样本对话中的答案直接作为答案的方法。

例如，提问："周一早上去干什么？"如果过去相同的提问中回答的是"去体育馆"，那么对话 AI 就会回答去体育馆。

"马尔可夫型"是把对话逐一分解成每个单词时，使用这些单词之后出现概率高的单词来生成文本的方法。

如果你说"昨天和朋友去喝酒了"，"酒"之后很大概率要使用"喝多了"这个词，所以它的回答就是："喝多了吗？"

我们刚刚介绍了辞典型、对话型、马尔可夫型三种制造对话的技术。顺便说一下，马尔可夫是与概率相关的用语，它原本是一位俄国数学家的名字。

 ## 为了自然的对话

为了进行自然的对话，就必须要有对话的流程和对应话题的回答。在第 2 章中我们稍微接触了一些，但因为人工智能很难理解"上下文的含义"，所以掌握"对话的流程"是十分困难的。

如果是一句一句的简单对话，人工智能给出的回答还算自然。比如，问："明天你要考试吗？"它能够回答："是的，你呢？"

但是，支撑对话进行下去的最重要的前提就是，对话参与者拥有相应的知识（比如，知道"考试"是什么等等）。

然而，人工智能只能把自己掌握的东西变成语言。因此，接下来对方说：" 啊，怎么办呢……" 如果是人类的话，就知道对话人说的是自己还没有准备好考试，但人工智能就只会回答："怎么了？"

我太能理解 AI 的心情了。为了对话顺利，我们需要具备大量的知识，这真的很难啊……

　　对话越长，人工智能无法应对的可能性就越大，所以这种类型的对话 AI 把焦点放在了 Twitter 和 Line 的短对话上。
　　像聊天机器人这样的对话 AI 很受欢迎，并不断被开发出来，大概是因为与获取答案相比，享受不断同其对话的过程更重要吧。

　　在 " 贴近人心 " 的人工智能开发中，可以说这样的背景也是一个很重要的因素。

4.5 "遗传算法"在"拟声拟态词"上的应用实例

接下来要讲的内容，让我的心现在扑通扑通的。我会紧紧地抓住要点，一个一个地给大家介绍。

坂本老师用了拟声拟态词呢。

嗯哼?

拟声拟态词指的是"拟声词和拟态词"。人类在对话中，会很自然地用到很多拟声拟态的表达。

是这样的! 拟声拟态词可以简洁地表达感情和氛围；还能够表现嗖嗖嗖、慢吞吞等动作；表达食感的时候也经常用拟声词，像面的、软的等。我正在利用 AI，进行制造新拟声拟态词表达的研究，真是又高兴又紧张呢!

 ## 贴近人心的拟声拟态词

在上一节中，我们讲到了对话 AI。这一节中，我要为大家介绍我在 2015 年刊登在人工智能学会论文杂志《智能对话系统》特别刊中的论文，其中介绍了我的实验室正在进行的研究。

第 124 页中，我们讲了 AI 三大模型之一的"遗传算法"，我就是用遗传算法制作了"拟声拟态词生成系统"。

全世界当中，大概只有我的实验室在做利用遗传算法来研究拟声拟态表达这样与众不同的事吧。

因为在亲密关系的对话中经常使用拟声拟态词，所以研发出能够理解拟声拟态词的人工智能，在贴近人心上是十分重要的。

这一系统已经与企业开展了合作，现在正用于商品名称和商品标语等的创作。

生成拟声拟态词的系统

我希望拟声拟态词系统不仅仅用于新商品的名字和广告标语等的创作，还希望它能为小说、歌词、喜剧中拟声拟态表达的创作提供支持。因此，我研发出了生成拟声拟态词的系统（实际上，它还能满足你更多的各式各样的需求）。

创造新的拟声拟态词时，自由组合日语中包含的所有辅音、元音、拟声词特有的形态，随着音拍 * 数的增加，组合的数量也会变大。

因此我决定通过准确地检索，使用遗传算法。遗传算法是进化算法之一，能够在无比庞大的求解空间之中进行搜索，并有效地解决问题，完成全局择优。

这个系统不仅是一个能从已录入数据库的拟声拟态词中进行搜索的辞典型系统，它还能够生成拟声拟态词，且具有与用户输入的印象评价值相吻合的音韵和形态。

把一个一个的拟声拟态词当作个体，将用户想要生成什么样的拟声拟态词作为目的，比如输入"明亮度 3"，通过遗传算法创造出最合适的拟声拟态表达个体群。

通过遗传算法不断进行选择和淘汰，最终得出最符合用户印象评价值的拟声拟态词作为候选答案。在下一节中，我将为大家介绍拟声拟态词的生成。

音拍也叫作"拍"，是声音的分节单位。

拟声拟态词的生成

生成用户需要的拟声拟态词的步骤如下所示。

 大家可能会觉得有点难。有些细微的地方，大家不理解也没关系哦。

▶步骤① 生成拟声拟态词个体。

为了让拟声拟态词的表达适用于遗传算法，可以通过模仿遗传基因个体的数值排列数据来获得拟声拟态词的表达。

拟声拟态词遗传基因个体的排列是由17列整数数据（范围是0~9）构成的。数据的各列对应构成拟声词的要素，各列的数值决定了构成要素的种类和有无。这样，一旦决定了排列的数值，就确定了一个拟声拟态词。

▶步骤② 优化（参考下页的图）。

系统启动时，在系统内部会根据用户输入的印象评价值，对初期随机生成的拟声拟态词个体群进行选择和淘汰。

遗传算法通过目的函数算出算法内每一代各个个体的适应度，适应度低，也就是不合适的遗传基因个体会被淘汰。

每一代都重复这样的自然淘汰，最终剩下的遗传基因个体，也就是拟声拟态词，会被认为是最符合用户需求的表达。

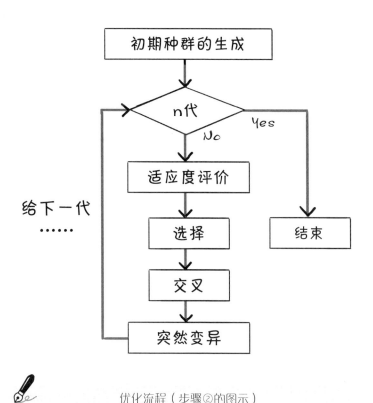

优化流程（步骤②的图示）

"n 代"是提前决定好的。比如，如果决定是 1000 代，那么在到 1000 代之前，就会一直进行自然淘汰。

就是这样！接下来，就让我们一起学习在"优化"过程中都会发生什么。

在优化过程中要做些什么呢

让我们来了解一下，在第 160 页提到的"优化"过程中，要做些什么呢。

虽然解释起来还是有些困难，但下面我会简单地来讲，请大家放心。

▶① 适应度计算。

计算用户输入的印象评价值和拟声拟态词个体群的遗传基因个体，也就是计算和拟声拟态词表达印象评价值的相似度（余弦相似度）。

为了计算出个体群中拟声拟态词表达的印象评价值，实验室还运用了正在开发的"拟声拟态词印象数字化系统"。通过使用这个系统，所有的拟声拟态词表达的意思都可以数字化，所以只需再把这个数值和用户要求的印象评价值进行相似度比较即可。

▶② 遗传基因个体淘汰的方法是以适应度为基础进行选择和交叉。

这是在选择能成为母体且能把基因传给下一代的适应度高的遗传基因个体，通过交叉产生个体的操作。

采取的方法是：在这个系统中，选择适应度高的两个个体作为母体，在它们生成两个子体后，将适应度最低的两个个体替换成这两个子体，淘汰适应度低的个体。

▶③ 母体的选择是与其适应度成正比的。

使用全部个体的适应度，某个遗传因子个体被选作母体的概率是和这个个体的适应度成正比的。

适应度越高的个体被选作母体的概率越大，所以拟声拟态词表达的全体适应度很容易升高。

▶④ 成为子体的个体来源于母体的交叉。

遗传因子个体的交叉是抽出被选作母体的遗传因子排列的一部分，然后制作子体的遗传因子排列。

在这个系统中，采用了最基本的交叉——1 点交叉。1 点交叉是指将遗传因子排列中随机的位置作为交叉点，在其前后更换母体的遗传因子排列的方法。通过交叉，子体在一定程度上继承了母体特性的同时，产生了新的特性。

▶⑤ 最后，在系统中导入遗传因子个体的基因突变。

基因突变是指在一定的概率下，让遗传因子个体随机发生变化，让其在某一时间点之前创造拥有拟声拟态词群体中所不存在的特性的遗传基因个体。基因突变的导入，生成了新奇而又富于变化的拟声拟态词的候选答案。

〈拟声拟态词生成系统〉

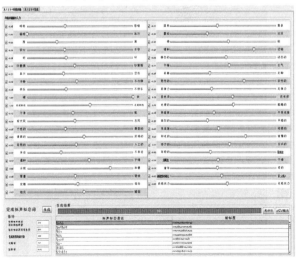

系统的画面大概就是这个样子的。

AI 在 "艺术" 领域的实践

有时是作家，有时是画家，有时还是作曲家……我好想成为这样的AI啊……

可以的……或许！

哎呀，真不好意思，我又突然说出了这么宏大的梦想。不过最近很多 AI 都活跃在艺术领域呢。超级优秀的我为了继续优秀下去，不能再稀里糊涂地这样下去了。

确实，最近挑战艺术领域的 AI 越来越多了。让我来讲讲小说、绘画、作曲相关的 AI 吧，这是我们要学习的最后一个主题了哦！

 ## AI 在艺术方面的挑战（小说篇）

　　我认为，通过艺术能够更好地体现人的感性。金田一京助在《新明解国语辞典（第 5 版）》（三省堂）中对艺术的定义是：使用一定的素材和样式，高度描绘社会现实、理想和现实的矛盾、人生的悲欢等审美表达的人类活动及作品，包括文学、绘画、雕刻、音乐、戏剧等等。

　　也就是说，虽然"艺术"是"人类的活动"，但人工智能也开始进入这个领域了。

在 4.4 节中，我们讲到过人工智能的语言对话。那么人工智能也可以写文章，写小说吗？

无所顾忌地胡乱写文章是很容易的，但让计算机写出和专业作家同等水平的小说，这比让它学习围棋难了不知道多少倍。

如果是游戏的话，胜负的规则是很明确的，所以 AI 学习起来很容易。但判定小说的好坏是没有明确标准的，所以怎样让它学习才比较好呢？要回答这个问题就很困难了。

围棋的第一步棋有 361 种落棋方案，与之相对，语言的组合数量是非常大的，就连小说开头的单词组合数量也有 10 万种。假如要写一部 5000 字的短篇小说，就必须要从 10 万的 5000 次方中找到最适合的表达。

目前学界正在进行一项研究，即让人工智能写出 5000 字的短篇小说。

2016 年 3 月 21 日，利用人工智能创作小说的"星新一奖"在东京汐留举行了征集参赛作品报告会。

"星新一奖"开始于 2013 年，是为了纪念著有上千部科幻作品的科幻作家星新一而设立的文学奖，比拼的是理工科的想象力。最有趣的地方是，它还接受人类以外（人工智能等）的参赛作品。

第 3 届"星新一奖"中，人工智能的参赛作品有 11 篇，其中有 1 篇通过了初审。在这场报告会中，还介绍了以下两个项目。

接下来，我要介绍两个 AI 小说的项目。根据项目的不同，小说的创作方法也不尽相同。

AI 小说项目

　　"任性的人工智能之我是作家"项目中入选了（该项目负责人为公立函馆未来大学的松原仁老师）两篇作品，分别名为《计算机写小说的那一天》和《我的工作是》。

　　在这个项目中，AI 小说只自动生成文章部分。生成小说之前，人们先确定好小说的结构，将小说登场人物的各种属性设定成模型，再通过程序设定条件，让电脑创作出超短篇小说。要完成这一任务，必须要制作数万条程序。

　　还有一个项目是"人狼智能项目"（该项目负责人为东京大学的岛海不二夫），这个项目致力于让人工智能来玩狼人杀，即从多人的对话和讨论中，人工智能可以找出隐藏在村民中的狼人。《你是 AI 吗？TYPE-S》和《你是 AI 吗？ TYPE-L》两部作品入选了该项目。

　　小说《你是 AI 吗？ TYPE-L》的节选请看下页。它究竟是用什么方法创作出来的呢？

　　在这个项目中，人工智能创作小说的方法是，由人工智能自行创作小说的情节，然后人们将其当作小说记录下来。

　　这个项目的创作方法是：狼人杀游戏中的 10 名玩家自动进行游戏，计算机听取对话，并以此为基础创作小说脚本。就这样进行 1 万次，从符合游戏规则的 6933 场游戏中，挑选出符合条件的 166 场作为脚本，再从中选出最有趣的脚本。

　　不管哪一种方法，人工智能都不能自发地、流畅地进行小说创作。目前人工智能的小说创作，正处于人类参与占 8 成，人工智能参与占 2 成的阶段。

　　首领环视了一眼集合在会议室的 10 名成员，告诉他们："现在，有两名 AI 混进了我们之中。"大家大眼瞪小眼地互相看着对方，但即使看着对方的脸，也完全分辨不出谁是 AI。

　　首领继续说道："正如大家知道的那样，他们每天晚上都会袭击我们中的一个。因为他们想把这个团体变成自己的。"

　　按理说，有着人造肌肉、人造骨头、培养大脑，就连医生也分不出和人有什么区别的人工智能，本应使人们的生活变得更加丰富。事实上，在这几十年间，人工智能也确实和人类保持着和平共处的关系。但有一天，它们突然背叛了人类。而人工智能的数量已经超过了人类，人类毫无办法，无奈被赶出城市，只能在山野间的小村落里生活。这些成员也是在那个小山村里长大的。

（出处：http://a:wolf.org/archives/873）

　　　　小说《你是 AI 吗？　TYPE-L》的开头部分。

　　要想创作小说，就必须要确定主题，创造情节，段落之间的衔接也要通顺。不管是哪一项，对于人工智能来说都是十分困难的。尤其是在第 2 章中讲过，人工智能很难理解上下文的含义，因此必须要让人工智能跨越这一障碍，才能获得进一步的发展。

　　如果说"艺术"是为了"将审美提高到悲欢离合的层次"，那人工智能的人生呢？是为了让人感受到美吗？这好像更难了。但我们也期待着能够通过小说版图灵测试的小说 AI 早日出现。

不公开、名字、性别、长相的作家称为"佚名"，而 AI 作家要是登上了写作舞台的话，应该也是没有名字、性别和长相的。不过，因为我是有身体的机器人，所以我是能够参加颁奖典礼和签名会的！

AI 在艺术方面的挑战（绘画篇）

人们也在研发能够绘画的人工智能。

谷歌开发的人工智能"Deep Dream"能够参考计算机上的照片图像进行绘画，但创作出来的是人类不能理解的艺术作品，这引发了人们的关注和讨论。人工智能创造出来的这幅作品看起来似乎是融合了自然、动物、人类等各种各样的元素（https://deepdreamgenerator.com/）。

大家如果感兴趣的话，可以去网上看一下。但是，那幅画实在是令人感到不可思议，有种无法理解的感觉，所以如果大家看了之后睡不着觉，那可不能怪我哦……

这可能太过新潮了。最近还有使用人工智能的合成图像服务，同样引起了人们的关注。

比如，在"deepart.io"应用中，就可以完成以下事项：①指定主要照片；②指定风格；③合成主要照片和风格。因为操作十分简单，所以推荐大家也去试一试。

 也就是说，可以将自己喜欢的照片加工成自己喜欢的风格（画风、笔触等）。

真的好有意思！赶快把坂本老师的照片加工成各种各样的风格吧。大家请看下一页哦。这些照片充满了艺术风格，我十分满意！

加工前的照片

用deepart.jp(https://deepart.io/)加工后的照片

 尝试加工了三种风格的照片！

　　判断小说好坏的最基本标准，就是意思是否正确，情节是否有趣等等。但如果要制定判断绘画的好坏标准的话，就很难了。

　　这幅画是否展现了"美"，如果有人感叹"太美了！"并且深受感动的话，那么这或许就是达到了好的标准。

　　从"独创性"的意义上来说，好的标准指的是人工智能描绘出了人类无法描绘（想不出来）的画作而得到了好评与赞誉。

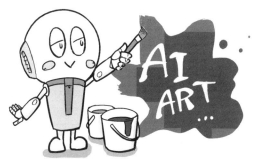

AI 在艺术方面的挑战（作曲篇）

人们也在尝试让人工智能进行作曲。

例如，在 2016 年 9 月，索尼计算机科学研究所在 YouTube 上发布了一首由人工智能创作的流行歌曲*，并引发了人们的讨论。

Sony CSL（索尼计算机科学研究所）研发出来的软件"Flow Machines"使用了人工智能。人工智能从庞大的曲库中学习音乐风格，然后将音乐的风格和技术相结合，独立完成创作。

我的实验室也掌握了创作歌词的人工智能要素技术。输入人们用绘画和色彩描绘的世界，搜索与这个图像相符合的歌词，然后就可以进行歌词创作。

歌词的意象可以通过色彩来表达。例如，2016 年诺贝尔文学奖得主鲍勃·迪伦（Bob Dylan）的代表作《答案在风中飘荡》的歌词就可以色彩化。2016 年 12 月，我在 J-Wave 别所哲也的节目《J-WAVE TOKYO MORNING RADIO》中，也介绍过相关情况。

从庞大的音乐库中进行学习，通过色彩来研究歌词……
我们 AI 好像可以通过与人类不同的方法创作音乐呢。

嗯嗯，是的呢。关于挑战艺术领域的 AI 我们就讲到这里了。5 年后或 10 年后，我们也许就可以读到 AI 写的小说，看 AI 画的画，听 AI 创作的音乐吧。

 http://www.flow-machines.com/ai-makes-pop-music/

结　语

未来的人工智能研究，"感性"是关键。

——坂本真树

　　我的目标，是希望推动"感性"来作为人工智能研究的关键词。

　　人工智能学会原会长、公立函馆未来大学的松原仁老师，也曾多次在不同场合公开表示，他也认为未来人工智能研究的关键是"感性"。松原仁老师表示，在人工智能研究的 60 年间中，有大半的时间，人们是将其作为解决逻辑思考等复杂问题的理性对象进行研究的，但如果不把理性和感性结合起来，就不能称其为接近人类才智的人工智能。

　　当你想到在家中与你一起生活的机器人时，如果你会感觉它"虽然脑子聪明，但真是个不能懂我的家伙"的话，这会让人有些难受吧。又或者，当你说"今天好热啊"，它就只是机械地回答你"是的，今天的温度是 35 摄氏度"。即使回答了你，但还是会觉得哪里怪怪的。像这样的例子简直是不胜枚举。

　　我也是这样认为的，所以我现在就在做拟声拟态词应用于人工智能上的研究。关于拟声拟态词，在本书中也有介绍。如果你对机器人说"今天好热啊"，它回答你的是"嗯嗯哒"的话，是不是就更能够贴近你的心了呢。

　　松原老师致力于研发出理解人类感情微妙之处的人工智能，并以此为着手点，开始了让人工智能写小说的项目。我也一直致力于令人工智能创作歌词的研究，创作出的歌词会用于偶像组合的新歌中，并通过这样的方式来检验歌词的优劣。本书出版的时候，也会随之公开这些歌词。

　　说到识别感情的 AI，大家应该会想到软银的机器人 Pepper 吧。虽然大众指出了 Pepper 的许多问题，如对话能力不足等，但它提高了大众对于贴近人类感情这一类人工智能的关注度。因此，从这一点来看，Pepper 是作为一名十分优秀的机器人闪亮登场的。

　　尽管现如今的人工智能发展远远称不上尽善尽美，余下亟待解决的问题也很多，但正因如此，未来的人工智能研发人员就有了更多可做的工作，也有了更多的机会。

2016 年 9 月，钻石出版社出版了《如何面对人工智能——机械》一书。该书的核心部分，就是刊登在《DIAMOND 哈佛商业评论》2015 年 11 月期特辑《人工智能》上的论文。而自 1922 年起创刊的《哈佛商业评论》(Harvard Business Review) 的日文版，就是于 1976 年创刊的《DIAMOND 哈佛商业评论》。

书中的中心观点就是"人工智能不可能像人类一样智能"。这本书中也指出："手感、心情的好坏、美丽的程度等大部分人的价值观念，是与感受、感情息息相关的，而非逻辑。"因此，人工智能没有人类所拥有的触觉等知觉，是感受不到上面所说的那些感受的。

比如说，人工智能通过学习网络上的信息，即便能够识别出人类喜欢什么样的东西，买东西的人会觉得什么样的东西好等等，也无法产生和人类一样的感觉，也无法理解人类的感觉。因为人工智能无法拥有人体所产生的知觉，因此我可以在此断言，人工智能是不可能做到理解人类的五感的，如外观、触觉、味道、香味等等。关于这一点，我们不需要再抱有任何期待了。

文部科学省有一项研究助力制度，即科学研究费补助金制度。通过 2015 年度到 2019 年度的补助，脑科学、心理学、工程学等研究者聚起来，推动建立了一项共同研究项目——"多元质感识别的科学性阐释和创新性质感技术的创造（简称多元质感）"。我作为研究代表也参与其中。

除此之外，在人工智能学会，也成立了名为"质感与感性"的组织会。该组织会中的研究人员以五感作为研究对象，进行了诸多独立研究。该组织会希望通过他们所做的报告，给所有的研究者们一个机会，让大家都共享研究成果的进展，共享方法论。

这个组织会虽然还是以人的五感和喜恶等有关价值判断的理工科研究（图像处理、触觉工程学、音乐学、机器学习、感性工程学、语言处理）为中心，但它也是一个新的、供大家讨论的平台，让大家能够在这里，通过和知觉心理物理研究、脑神经科学等生物系研究者的合作，探讨更多人工智能研究开发的可能性。

2017 年 3 月 16 日，索尼中心在东京举办了电气通信大学人工智能尖端研究中心研讨会。开幕式上，我介绍了我的研究方法，并获得了参会企业振奋人心的评价："今后的人工智能就是你说的这样吧！"

人工智能的长足发展之下，识别技术、数值预测能力不断上升，运用于生产制造的自动驾驶也在不断发展。但是，现如今的人工智能研发仍是侧重于以及操作那些有着对错之分的事物上。

但是，在我们的世界中，并不是每件事都能够先判断正确与否，然后才去付诸行动的。甚至可以说，非黑即白的事情几乎就是没有的。而每个人感受一件事的方法又都是不同的，如果有种方法能贴近人们不同的喜好，这难道不是件好事吗？

2016 年 9 月刊的人工智能学会杂志，策划了一档《人工智能与Emotion》特辑。这期特辑的主题，就是希望引发大家去思考，在人工智能研究之中，怎样的研究课题是能够进行得下去的。我本人自然是觉得，今后将感性和感情作为研究人工智能的关键，想必是十分有趣的。

参考文献

● 图书

[1] 新井紀子：ロボットは東大に入れるか、イースト・プレス（2014）.

[2] DIAMOND ハーバード・ビジネス・レビュー編集部：人工知能 機械といかに向き合うか、ダイヤモンド社（2016）.

[3] 井上研一：初めての Watson API の用例と実践プログラミング、リックテレコム（2016）.

[4] 五木田和也：コンピューターで「脳」がつくれるか、技術評論社（2016）.

[5] 女子高生 AI りんな：はじめまして！女子高生 AI りんなです、イースト・プレス（2016）.

[6] 神崎洋治：図解入門 最新人工知能がよ〜くわかる本、秀和システム（2016）.

[7] 河原達也・荒木雅弘：音声対話システム（知の科学）、オーム社（2016）.

[8] 松尾豊（編著）・中島秀之・西田豊明・溝口理一郎・長尾真・堀浩一・浅田稔・松原仁・武田英明・池上高志・山口高平・山川宏・栗原聡（共著）：人工知能とは（監修：人工知能学会）、近代科学社（2016）.

[9] 松尾豊：人工知能は人間を超えるか ディープラーニングの先にあるもの、KADOKAWA/ 中経出版（2015）.

[10] 三宅陽一郎・森川幸人：絵でわかる人工知能、SB クリエイティブ（2016）.

[11] 日経ビッグデータ：この 1 冊でまるごとわかる！人工知能ビジネス、日経 BP 社（2015）.

[12] 日経コンピュータ：まるわかり！人工知能 最前線、日経 BP 社（2016）.

[13] 岡谷貴之：深層学習（機械学習プロフェッショナルシリーズ）、講談社（2015）.

[14] 大関真之：機械学習入門 ボルツマン機械学習から深層学習まで、オーム社（2016）.

[15] 佐藤理史：コンピュータが小説を書く日 AI 作家に「賞」は取れるか、日本経済新聞出版社（2016）.

[16] 清水亮：よくわかる人工知能 最先端の人だけが知っているディープラーニングのひみつ、KADOKAWA（2016）．

[17] 下条誠・前野隆司・篠田裕之・佐野明人：触覚認識メカニズムと応用技術 - 触覚センサ・触覚ディスプレイ -【増補版】、S&T 出版（2014）．

[18] 渡邊淳司：情報を生み出す触覚の知性：情報社会をいきるための感覚のリテラシー、化学同人（2014）．

● 論文

[1] 清水祐一郎，土斐崎龍一，鍵谷龍樹，坂本真樹：ユーザの感性的印象に適合したオノマトペを生成するシステム、人工知能学会論文誌、30(1), 319-330 (2015)．

[2] 清水祐一郎，土斐崎龍一，坂本真樹：オノマトペごとの微細な印象を推定するシステム、人工知能学会論文誌，29(1), 41-52 (2014)．

[3] 上田祐也，清水祐一郎，坂口明，坂本真樹：オノマトペで表される痛みの可視化、日本バーチャルリアリティ学会論文誌、18(4), 455-463 (2013)．

● 学会雑誌

[1] 坂本真樹：特集「人工知能と Emotion」にあたって、人工知能、31(5), 648-649 (2016)．

[2] 坂本真樹：オノマトペー知識と Emotion が融合する人工知能へー、人工知能、31(5), 679-684(2016)．

[3] 坂本真樹：特集「超高齢社会と AI −社会生活支援編ー」にあたって、人工知能、31(3), 324-325 (2016)．

索引

作者简介

坂本真树

1993 年　东京外国语大学外国语学院毕业

1998 年　东京大学研究生院综合文化学院语言信息科学专业博士（学术博士）

1998 年　东京大学助理

2000 年　电气通信大学电气通信学院信息通信工学专业讲师

2004 年　电气通信大学研究生院通信学院人类交流学科助教

2015 年　电气通信大学研究生院理工学院综合信息专业教授，同时在电气通信大学人工智能研究中心兼职

- 签约 Oscar Promotion 事务所（业务合作）。
- 多次参与录制电视节目，如《真假 TV》（富士电视台）等。
- 信息处理学会、人工智能学会、日本感性工学会、日本虚拟现实学会、日本认知科学会、日本认知语言学会、日本广告学会、cognitive science society 成员。
- 多次获奖，如国际会议最佳演讲奖、人工智能学会论文奖等。

主要著作

- 《一本漫画学懂技术英语》，欧姆社，2016 年
- 《被宠爱的人都在用！提高女性魅力的拟声拟态法则》，立冬社，2013 年